计算机辅助建筑设计经典案例指导丛书

天正建筑 TArch8.0
建筑设计经典案例指导教程

三维书屋工作室

张日晶　康士廷　刘昌丽　等编著

机械工业出版社

本书以天正软件最新版本 Tarch8.0 为设计软件平台，介绍了绘制建筑的基本建筑单元、总平面图、平面图、立面图、剖面图、详图及施工图等高级使用技能，全面介绍建筑 CAD 设计方法。全书所论述的知识和案例内容既翔实、细致，又丰富、典型。全书共 15 章，第 1 章介绍天正建筑的界面和系统设置；第 2~7 章介绍轴网、柱子、墙体、门窗、房间和屋顶、楼梯和其他设施等有关建筑实体方面操作的相关命令，通过实例方式进行讲解；第 8~10 章介绍文字表格、尺寸标注，符号标注等有关建筑标注方面操作的相关命令，通过实例方式进行讲解；第 11 章综合运用上面的命令，介绍别墅和办公楼的平面实体绘制；第 12、13 章介绍有关建筑立面和剖面的命令，包括生成、编辑等操作的相关命令，通过实例方式进行讲解；第 14 章综合运用建筑立面的命令，介绍别墅和办公楼的立面实体绘制；第 15 章综合运用建筑剖面的命令，介绍别墅和办公楼的剖面实体绘制。

随书配送的多媒体光盘包含全书所有实例的源文件和效果图演示，以及典型实例操作过程 AVI 文件，可以帮助读者更加形象直观、轻松自在地学习。

本书可作为建筑、建筑规划、房地产、建筑施工等设计师和工程技术人员的指导用书，以及初、中级职业学校和高等院校师生学习参考教材。

图书在版编目(CIP)数据

天正建筑 TArch8.0 建筑设计经典案例指导教程/张日晶等编著.—2 版.—北京：机械工业出版社，2010.2

（计算机辅助建筑设计经典案例指导丛书）

ISBN 978 - 7 - 111 - 29623 - 2

Ⅰ．天… Ⅱ．张… Ⅲ．建筑设计：计算机辅助设计—应用软件，TArch8.0—教材 Ⅳ．TU201.4

中国版本图书馆 CIP 数据核字（2010）第 013315 号

机械工业出版社（北京市百万庄大街 22 号 邮政编码 100037）
策划编辑：汤 攀　　　　责任编辑：汤 攀
责任印制：杨 曦
北京蓝海印刷有限公司印刷
2010 年 3 月第 1 版第 1 次印刷
184mm×260mm ·20.75 印张·513 千字
标准书号：ISBN 978 - 7 - 111 - 29623 - 2
　　　　　ISBN 978 - 7 - 89451 - 426 - 4（光盘）
定价：48.00 元（含 1DVD）

凡购本书，如有缺页、倒页、脱页，由本社发行部调换
电话服务　　　　　　　　　网络服务
社服务中心：(010)88361066　门户网：http://www.cmpbook.com
销 售 一 部：(010)68326294　教材网：http://www.cmpedu.com
销 售 二 部：(010)88379649　**封面无防伪标均为盗版**
读者服务部：(010)68993821

《计算机辅助建筑设计经典案例指导》丛书序

伴随中国加入 WTO、举办奥林匹克运动会与世界博览会以及人们对工作、生活居住环境和空间的需求，我国将迎来奥运场馆的建设和写字楼及住宅等建设高潮，建筑工程各领域都急需各种建筑设计人才。

在计算机普及之前，建筑图的绘制最为常用的方式是手工绘制。手工绘制方法的最大优点是自然，随机性较大，容易体现个性和不同的设计风格，使人们领略到其所带来的真实性、实用性和趣味性的效果。其缺点是比较费时且不容易修改。随着计算机信息技术的飞速发展，建筑设计已逐步摆脱传统的图板和三角尺，步入计算机辅助设计（CAD）时代。在国内外，建筑效果图及施工图的设计，如今也几乎完全实现了使用计算机进行绘制和修改。

随着科学技术日新月异的飞速发展，计算机辅助设计（CAD）取得了长足的进展，其技术已有了巨大的突破，已由传统的专业化、单一化的操作方式逐渐向简单明了的可视化、多元化的方向飞跃，以满足设计者在 CAD 设计过程中尽情发挥个性设计理念和创新灵感、表现个人创作风格的新需求。目前建筑设计行业应用最广泛的计算机辅助设计软件包括 AutoCAD、天正 Tarch、3DS MAX、SketchUP、Photoshop 等。

为了满足广大建筑设计从业人员和各大中专院校建筑相关专业学生学习计算机辅助建筑设计知识的迫切需要，促进建筑设计行业蓬勃兴旺地发展，我们在进行充分地行业应用调查、广泛听取业内专家的指导意见的基础上，精心组织了几位高校建筑专业的老师和建筑设计行业经验丰富的工程师，编写了这套《计算机辅助建筑设计经典案例指导》丛书，具体包括：

AutoCAD 2008 中文版建筑设计经典案例指导教程

AutoCAD 2008 中文版室内设计经典案例指导教程

天正建筑 Tarch8.0 建筑设计经典案例指导教程

3DS MAX 9.0 与 Photoshop CS3 建筑设计经典案例指导教程

3DS MAX 9.0 与 Photoshop CS3 室内设计经典案例指导教程

SketchUP 6.0 中文版建筑设计经典案例指导教程

AutoCAD 2008、SketchUP 5.0、3DS MAX 9.0/Vary 1.5 与 Photoshop CS2 高层小区设计

本丛书各书目内容具有如下鲜明特点：

1. 实例系统，工程性强

本丛书所有作者都来自教学和建筑设计工程一线，他们具有丰富的建筑设计行业应用实践经验，书中所选用的实例都是具有实际应用背景的建筑施工案例。与别的计算机辅助建筑设计教材不同的一点是，本书的案例系统性很强，每一个实例都是完整的施工案例，读者学习完一个案例，相当于熟悉了一个建筑设计工程的全部流程，避免了有些书籍实例零散，全豹难窥的缺陷。

2. 软件基础与工程实例结合，相辅相成

作为一套计算机辅助建筑设计实例书籍，本丛书各书巧妙地处理了软件基础与应用案例之间的关系，采用软件基础知识与工程应用案例有机结合的方式，简要地交代了必要的软件的基础知识，并通过大量实例进行巩固深化和具体应用，做到了学习软件基础知识有的放矢，学习建筑设计应用知识有章可循的完美结合。

希望本丛书能为广大建筑设计行业从业人员和各大中专院校建筑相关专业学生的学习带来有益的帮助。

机械工业出版社

前　言

天正建筑是北京天正工程软件有限公司专门用于建筑图绘制的参数化软件，符合我国建筑设计人员的操作习惯，贴近建筑图绘制的实际，并且有很高的自动化程度，因此在国内使用相当广泛。在实际操作过程中只要输入几个参数尺寸，就能自动生成平面图中的轴网、柱子、墙体、门窗、楼梯、阳台等，可以绘制和生成立面和剖面图等建筑图样。天正建筑采用二维图形描述三维空间表现一体化的方式，在绘制平面图的过程中，已经表现了三维的建筑物形式，可以更加直观地表达建筑物。天正建筑提供的操作方式简单易于掌握，可以方便的完成建筑图的设计。

本书以天正软件最新版本 TArch8.0 为介绍对象，从绘制实际施工图出发，先分别介绍操作命令，在相关的操作命令中附有操作的实例，最后综合使用天正的命令进行综合图样设计。通过综合的实例掌握天正命令的使用方法和技巧。

全书共 15 章，第 1 章介绍天正建筑的界面和系统设置。第 2～7 章介绍轴网、柱子、墙体、门窗、房间和屋顶、楼梯和其他设施等有关建筑实体方面操作的相关命令，通过实例方式进行讲解。第 8～10 章介绍文字表格、尺寸标注，符号标注等有关建筑标注方面操作的相关命令，通过实例方式进行讲解。第 11 章介绍综合运用上面的命令，介绍别墅和办公楼的平面实体的绘制。第 12～13 章介绍有关建筑立面和剖面的命令，包括生成、编辑等操作的相关命令，通过实例方式进行讲解。第 14 章介绍综合运用建筑立面的命令，介绍别墅和办公楼的立面实体绘制。第 15 章介绍综合运用建筑剖面的命令，介绍别墅和办公楼的剖面实体绘制。

天正建筑运行于 AutoCAD 环境中，学习天正建筑需要对 AutoCAD 有一定了解和操作能力。因此本书适用于对 AutoCAD 有一定了解能力的读者，可以快速提高水平。

本书除利用传统的纸面讲解外，随书配送了多功能学习光盘。光盘中包含全书讲解实例的源文件素材，并制作了全程实例动画同步讲解 AVI 文件。利用作者精心设计的多媒体界面，读者可以随心所欲，像看电影一样轻松愉悦地学习。

本书所论述的知识和案例内容既翔实、细致，又丰富、典型，密切结合工程实际，具有很强的操作性和实用性，十分适合建筑设计、室内外装饰装潢设计、环境设计、房地产等相关专业设计师、工程技术人员和在校师生，是学习 AutoCAD 绘制装饰图的参考书。

本书由三维书屋工作室总策划，主要由张日晶、康士廷、刘昌丽编写。熊慧、王文平、康士廷、王敏、李瑞、李广荣、王艳池、周冰、李鹏、董伟、孟清华、王培合、郑长松、王义发、胡仁喜等参加了部分章节的编写工作。

由于编者水平有限，虽然经过再三勘误，但仍难免有纰漏之处，欢迎广大读者登录三维书屋工作室网站 www.bjsanweishuwu.com 或发送邮件至 win760520@126.com 予以指正。

作　者

目　录

1

天正建筑软件基本功能简介

内容简介

天正建筑软件是国内很流行的专用软件，用它可以绘制建筑平面图、立面图、剖面图和标注建筑尺寸。使用天正建筑可以比单纯使用 AUTOCAD 等通用制图软件在绘制建筑图方面要快很多。本章主要介绍天正建筑的界面和对天正建筑的系统设置。

1.1 界面介绍

在安装有天正建筑的软件上双击天正建筑的图标，启动天正建筑。开始启动时显示【日积月累】对话框，如图 1-1 所示。显示系统界面如图 1-2 所示。

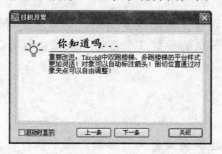

图 1-1　日积月累

在系统界面中可以看到，天正建筑和 AUTOCAD 通用软件增加的是天正图标菜单。对于天正主要用到两个操作窗口。

1．命令对话区

这是最基本的操作方式，菜单命令的第一个汉字拼音的第一个字母就可以调用命令。在命令对话区输入命令，回车后执行命令，显示该命令的提示下一步该如何操作，并在提示中输入执行命令所需的参数和数据。

2. 工具条

在天正图标菜单中，按钮左面有黑色三角形，表示该命令按钮有对应下一级的图标菜单。可以通过单击该按钮，调出下一级图标菜单。单击命名按钮就可以执行命令。

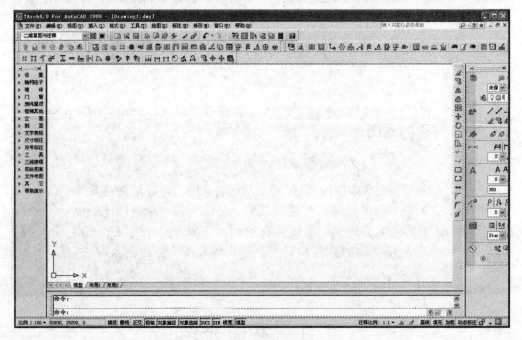

图 1-2　系统界面显示

1.2　系统设置

天正建筑已经为用户设置了初始设置功能，可以通过对话框进行设置，分为选项对话框、天正自定义对话框和系统参数 3 个部分，系统参数可以参照相关的 AUTOCAD 书籍，本书不再介绍。

1.2.1　选项

选项命令显示与天正建筑全局有关的参数，命令执行方式为：

命令行：OPTIONS

菜单栏：工具→自定义

点取菜单命令后，显示【选项】对话框，显示"基本设定"（如图 1-3 所示）、"加粗填充"（如图 1-4 所示）及"高级选项"（如图 1-5 所示）。

在"基本设定"中可以进行图形设置，界面设置，尺寸、坐标标注设置、其他设置，基本涵盖了绘图过程中常用的初始命令参数部分。

2

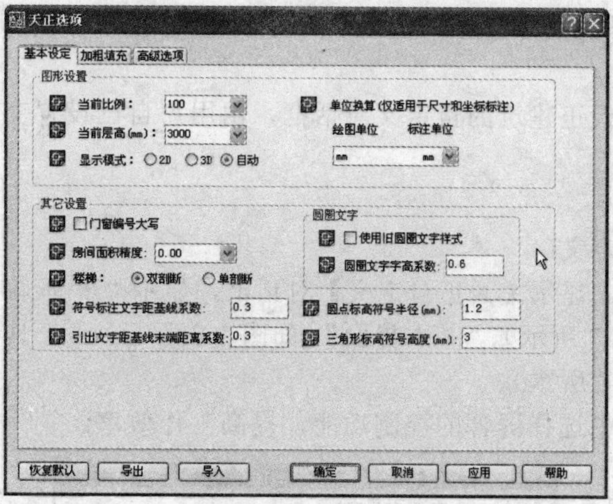

图 1-3　【基本设定】对话框

在"加粗填充"中主要是用于对墙体与柱子的填充，提供填充图案、填充方式、填充颜色和加粗线宽的控制。系统为对象提供了"标准"和"详图"两个级别，满足不同类型填充和加粗详细程度不同的要求。

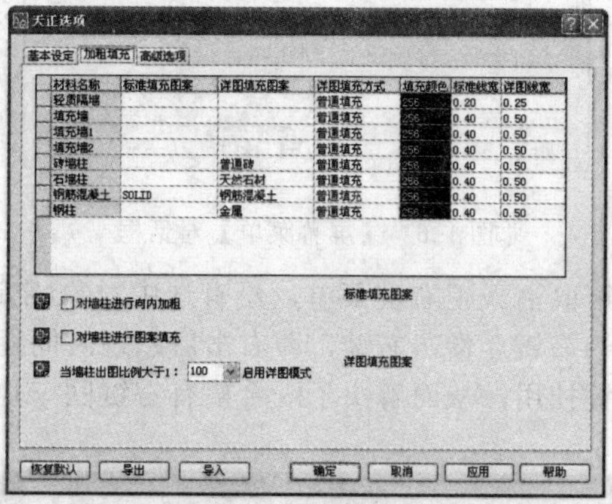

图 1-4　【加粗填充】对话框

在"高级选项"中主要是控制天正建筑全局变量的用户自定义参数的设置界面，除了尺寸样式需专门设置外，这里定义的参数保存在初始参数文件中，不仅用于当前图形，对新建的文件也起作用，高级选项和选项是结合使用的，例如在高级选项中设置了多种尺寸标注样式，在当前图形选项中根据当前单位和标注要求选用其中几种用于本图。

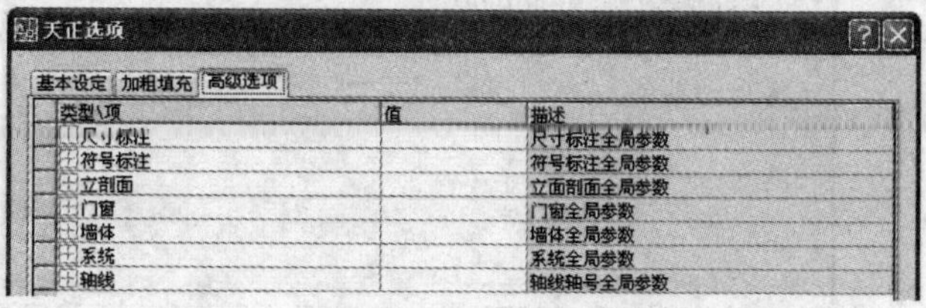

图 1-5　【高级选项】对话框

3

1.2.2 自定义

自定义命令启动天正建筑的自定义对话框，由用户自己设置交互界面效果，命令执行方式为：

命令行：ZDY

菜单：设置→自定义

点取菜单命令后，显示【天正自定义】对话框，显示"屏幕菜单"（如图 1-6 所示）、"操作配置"（如图 1-7 所示）、"基本界面"（如图 1-8 所示）、"工具条"（如图 1-9 所示）、"快捷键"（如图 1-10 所示）。

在"屏幕菜单"中选择屏幕的控制功能，提高工作效率。

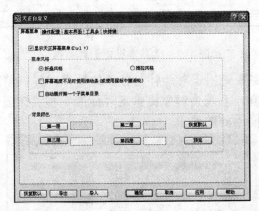

图 1-6　【屏幕菜单】对话框

在"操作配置"中可取消天正右键菜单，没有选中对象(空选)时右键菜单的弹出可有 3 种方式：右键、Ctrl+右键、慢击右键，即右击后超过时间期限放松右键弹出右键菜单，快击右键作为回车键使用，从而解决了既希望有右键回车功能，也希望不放弃天正右键菜单命令的需求。

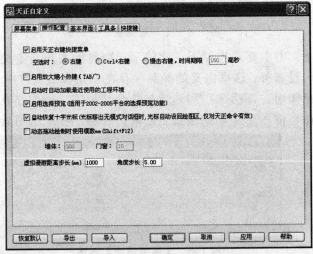

图 1-7　【操作配置】对话框

在"基本界面"中包括界面设置(文档标签)和在位编辑两部分内容：

"文档标签"是指在打开多个 DWG 时，在绘图窗口上方对应每个 DWG 提供一个图形名称选项卡，供用户在已打开的多个 DWG 文件之间快速切换，不勾选表示不显示图形名称切换功能。

"在位编辑"是指在编辑文字和符号尺寸标注中的文字对象时，在文字原位显示的文本编辑框使用的字体颜色、文字高度、编辑框背景颜色都由这里控制。

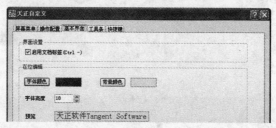

图 1-8 【基本界面】对话框

在"工具条"中可以选择需要的按钮拖动到浮动状态的工具栏中。方便工具栏命令的调用，提高作图速度。

图 1-9 【工具条】对话框

图 1-10 【快捷键】对话框

在"快捷键"中定义某个数字或者字母键，单击就可以调用对应的天正建筑命令。

轴网和编辑

内容简介

轴网的创建：介绍直线轴网和圆弧轴网，以及墙生轴线的方式。

轴网编辑：介绍轴网的编辑方法。

轴网标注：介绍轴网的标注方法。

轴号编辑：介绍轴号的添加、删除、重排、倒排，轴号夹点编辑等操作。

2.1 轴网的创建

本节主要讲解轴网创建的功能。

轴线是建筑物各组成部分的定位中心线，是图形定位的基准线，将网状分布的轴线称为轴网。轴网要用到开间和进深两个概念，开间是纵向相邻轴线之间的距离，进深是横向相邻轴线之间的距离。在一般绘制建筑图中是最先画出建筑物的轴网。轴网的创建分以下几种方式：

2.1.1 绘制直线轴网

直线轴网功能用于生成正交轴网、斜交轴网和单向轴网，命令执行方式为：

命令行：HZZW

菜单：轴网柱子→绘制轴网

显示【绘制轴网】对话框，在其中单击【直线轴网】，如图 2-1 所示。

实例 2-1 正交轴网

正交轴网为构成轴网的两组轴线夹角是 90°。绘制正交轴网如图 2-2 所示。

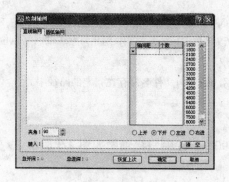

图 2-1 【直线轴网】对话框

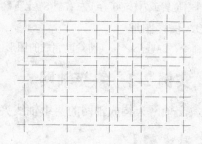

图 2-2 正交轴网图

【实例步骤】

（1）单击【绘制轴网】对话框，在其中单击【直线轴网】，如图 2-1 所示。

考虑到更好地运用对话框，对其中用到的控件说明如下：

〔键入〕输入轴网数据，每个数据之间用空格或英文逗号隔开。

〔轴间距〕开间或进深的尺寸数据，单击右侧输入轴网数据或通过下拉菜单获得，也可以直接输入。

〔上开〕在轴网上方进行轴网标注的房间开间尺寸。

〔下开〕在轴网下方进行轴网标注的房间开间尺寸。

〔左进〕在轴网左侧进行轴网标注的房间进深尺寸。

〔右进〕在轴网右侧进行轴网标注的房间进深尺寸。

〔个数〕相应轴间距数据的重复次数，单击右侧输入轴网数据或通过下拉菜单获得，也可以直接输入。

〔夹角〕输入开间与进深轴线之间的夹角数据，其中 90° 为正交轴网，其他为斜交轴网。

〔偏移〕在上下开间或左右进深数据不同时，输入错开的数值。

〔←〕〔→〕单击←与→方向键可方便地将上下开间数据左右移动定位。

〔清空〕将一组开间或进深键入数据栏清空，其他组数据保留。

〔恢复上次〕将上次绘制轴网的参数恢复到对话框中。

（2）选中【夹角】。默认数值为 90°，即为正交轴网。

（3）选中【下开】。默认已选中该项，即左面的圆圈中出现圆点，也可单击选中。

（4）输入下开间值。从【个数】列表中选择需要重复的次数。

下开间 2*6000 4500 6000

（5）输入上开间值。从【个数】列表中选择需要重复的次数。

上开间 2700 7500 3000 2100 4800

（6）输入左进深值。从【个数】列表中选择需要重复的次数。

左进深 6000 2100 6000

（7）输入右进深值。从【个数】列表中选择需要重复的次数。

右进深 3900 5400 3600

（8）在对话框中输入所有尺寸数据后单击【确定】，则系统根据提示输入所需要的参数，命令行显示如下：

单击位置或 [转 90°(A)/左右翻(S)/上下翻(D)/对齐(F)/改转角(R)/改基点(T)]<退出>:点选轴网基点位置

9．保存图形

命令：SAVEAS✓　（将绘制完成的图形以"正交轴网.dwg"为文件名保存在指定的路径中）

实例 2-2　斜交轴网

斜交轴网为构成轴网的两组轴线夹角是不为 90°。绘制斜交轴网如图 2-3 所示。

【实例步骤】

（1）单击【绘制轴网】对话框，在其中单击【直线轴网】，如图 2-1 所示。

（2）选中【夹角】。选中数值为 60°，即为斜交轴网。

（3）输入下开间值。从【个数】列表中选择需要重复的次数。

下开间 2*6000 4500 6000

（4）输入上开间值。从【个数】列表中选择需要重复的次数。

上开间 2700 7500 3000 2100 4800

（5）输入左进深值。从【个数】列表中选择需要重复的次数。

左进深 6000 2100 6000

（6）输入右进深值。从【个数】列表中选择需要重复的次数。

右进深 3900 5400 3600

（7）在对话框中输入所有尺寸数据后单击【确定】，则根据系统根据提示输入所需要的参数，命令行显示如下：

单击位置或 [转 90°(A)/左右翻(S)/上下翻(D)/对齐(F)/改转角(R)/改基点(T)]<退出>:

（8）保存图形

命令：SAVEAS✓　（将绘制完成的图形以"斜交轴网.dwg"为文件名保存在指定的路径中）

实例 2-3　单向轴网

单向轴网为由相互平行的轴线组成的轴网。绘制单向轴网如图 2-4 所示。

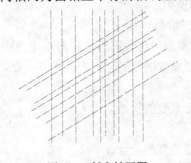

图 2-3　斜交轴网图　　　　　　　　　　　　图 2-4　单向轴网图

【实例步骤】

（1）单击【绘制轴网】对话框，在其中单击【直线轴网】，如图 2-1 所示。

（2）选中【夹角】。选中数值为180°，即为单向轴网。

（3）输入下开间值。从【个数】列表中选择需要重复的次数。

下开间 2*6000 4500 6000

（4）在对话框中输入所有尺寸数据后单击【确定】，则根据系统根据提示输入所需要的参数，命令行显示如下：

单向轴线长度<22500>:15000

单击位置或 [转 90°(A)/左右翻(S)/上下翻(D)/对齐(F)/改转角(R)/改基点(T)]<退出>:

（5）保存图形

命令：SAVEAS✓ （将绘制完成的图形以"单向轴网.dwg"为文件名保存在指定的路径中）

2.1.2 绘制圆弧轴网

圆弧轴网是由弧线和径向直线组成的定位轴线，命令执行方式为：

命令行：HZZW

菜单：轴网柱子→绘制轴网

显示【绘制轴网】对话框，在其中单击【圆弧轴网】，如图 2-5 所示。

实例 2-4 圆弧轴网

绘制圆弧轴网如图 2-6 所示。

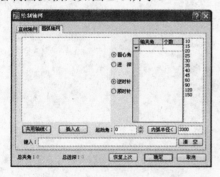

图 2-5 【圆弧轴网】对话框

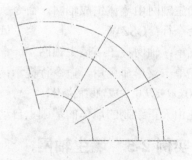

图 2-6 圆弧轴网图

【实例步骤】

（1）单击【绘制轴网】对话框，在其中单击【圆弧轴网】，如图 2-5 所示。

考虑到更好地运用对话框，对其中用到的控件说明如下：

〔键入〕输入轴网数据，每个数据之间用空格或英文逗号隔开。

〔圆心角〕由起始角起算，按旋转方向排列的轴线开间序列，单位（°）。

〔进深〕在轴网径向，由圆心起算到外圆的轴线尺寸序列，单位 mm。

〔轴夹角〕开间轴线之间的夹角数据，单击右侧输入数据或通过下拉菜单获得，也可以直接输入。

〔个数〕相应轴间距数据的重复次数，单击右侧输入轴网数据或通过下拉菜单获得，也可以直接输入。

〔内弧半径<〕由圆心起算的最内侧环向轴线半径，可以从图上获得，也可以直接输入。

〔起始角〕x 轴正方向到起始径向轴线的夹角（按旋转方向定）。

〔逆时针〕径向轴线的旋转方向。

〔顺时针〕径向轴线的旋转方向。

〔共用轴线<〕在与其他轴网共用一根径向轴线时，从图上指定该径向轴线，单击时通过拖动圆轴网确定与其他轴网连接的方向。

〔插入点〕单击改变轴网的插入基点位置。

（2）选中【圆心角】。默认已选中该项，即左面的圆圈中出现圆点，也可单击选中。

（3）输入圆心角值。从【个数】列表中选择需要重复的次数。

圆心角 30 30 45

（4）输入进深值。从【个数】列表中选择需要重复的次数。

进深 3300 1800

（5）在对话框中输入所有尺寸数据后单击【确定】，则根据系统根据提示输入所需要的参数，命令行显示如下：

单击位置或 [转 90°(A)/左右翻(S)/上下翻(D)/对齐(F)/改转角(R)/改基点(T)]<退出>::

（6）保存图形

命令：SAVEAS✓　（将绘制完成的图形以"圆弧轴网.dwg"为文件名保存在指定的路径中）

2.1.3 墙生轴网

墙生轴网由墙体生成轴网，命令执行方式为：

命令行：QSZW

菜单：轴网柱子→墙生轴网

在单击菜单命令后，命令行提示：

请选取要从中生成轴网的墙体：

在由天正绘制的墙体的基础上自动生成轴网。

实例 2-5　墙生轴网

绘制墙体如图 2-7 所示。

【实例步骤】

1. 使用【墙体绘制】命令绘制墙体，如图 2-7 所示。

2. 使用【墙生轴网】生成轴网，根据提示操作。

请选取要从中生成轴网的墙体:指定对角点: 找到 19 个

请选取要从中生成轴网的墙体:

如图 2-8 所示。

3. 保存图形

命令：SAVEAS✓　（将绘制完成的图形以"墙生轴网.dwg"为文件名保存在指定的路径中）

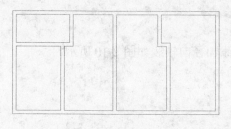

图 2-7　墙体图

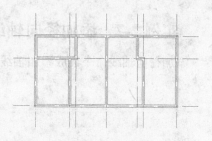

图 2-8　墙生轴网图

2.2　编辑轴网

2.2.1　添加轴线

添加轴网功能是参考已有的轴线来添加平行的轴线，命令执行方式为：

命令行：TJZX

菜单：轴网柱子→添加轴线

实例 2-6　添加轴线

绘制添加轴网如图 2-9 所示。

【实例步骤】

1．单击【添加轴线】命令，命令行提示为：

选择参考轴线〈退出〉：选 A

新增轴线是否为附加轴线？[是(Y)/否(N)]〈N〉：

偏移方向〈退出〉：选 B 方向

距参考轴线的距离〈退出〉：1200

2．单击【添加轴线】命令，命令行提示为：

选择参考轴线〈退出〉：选 C

新增轴线是否为附加轴线？[是(Y)/否(N)]〈N〉：

偏移方向〈退出〉：选 D 方向

距参考轴线的距离〈退出〉：1200

3．单击【添加轴线】命令，命令行提示为：

选择参考轴线〈退出〉：选 C

新增轴线是否为附加轴线？[是(Y)/否(N)]〈N〉：

偏移方向〈退出〉：选 E 方向

距参考轴线的距离〈退出〉：1200

4．保存图形

命令：SAVEAS↙　（将绘制完成的图形以"添加轴线.dwg"为文件名保存在指定的路径中）

实例 2-7　添加径向轴线

添加径向轴线命令集成添加轴线命令中，绘制添加径向轴线如图 2-10 所示。

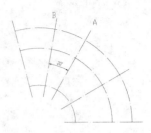

图 2-9　添加轴线图　　　　　　　　　　图 2-10　添加径向轴线图

【实例步骤】

（1）单击【添加轴线】命令，命令行提示为：

选择参考轴线〈退出〉:选 A

新增轴线是否为附加轴线?[是(Y)/否(N)]〈N〉:

输入转角〈退出〉:20

由图 2-10 可见增加 B 轴线。若【添加轴线】命令执行的轴线已经进行轴标操作，则相应形成新的轴标和标注。

（2）保存图形

命令: SAVEAS✓　（将绘制完成的图形以"添加径向轴线.dwg"为文件名保存在指定的路径中）

2.2.2 轴线裁剪

由以前学过的命令知道，都没有提供控制轴线长度的方法，轴线裁剪命令可以很好地解决这个问题，同样也可以应用 AUTOCAD 中的相关命令进行操作，实际画图过程中是相互配合使用的较多。命令执行方式为：

命令行: ZXCJ

菜单: 轴网柱子→轴线裁剪

单击菜单命令后，命令行提示：

矩形的第一个角点或 [多边形裁剪(P)/轴线取齐(F)]〈退出〉:F

键入 F 显示轴线取齐功能的命令：

请输入裁剪线的起点或选择一裁剪线:单击取齐的裁剪线起点

请输入裁剪线的终点: 单击取齐的裁剪线终点

请输入一点以确定裁剪的是哪一边:单击轴线被裁剪的一侧结束裁剪

键入 P 显示多边线剪裁功能的命令：

矩形的第一个角点或 [多边形裁剪(P)/轴线取齐(F)]〈退出〉:P

多边形的第一点〈退出〉:选择多边线的第一点

下一点或 [回退(U)]<退出>:选择多边线的第二点

下一点或 [回退(U)]<退出>:选择多边线的第三点

下一点或 [回退(U)]<封闭>:选择多边线的第四点

下一点或 [回退(U)]<封闭>:……

下一点或 [回退(U)]<封闭>:回车自动封闭该多边形结束裁剪

系统默认为矩形裁剪，可直接给出矩形的对角线完成操作：

矩形的第一个角点或 [多边形裁剪(P)/轴线取齐(F)]<退出>:给出矩形的第一角点

另一个角点<退出>:选取另一角点即完成矩形裁剪。

实例 2-8　轴线剪裁

绘制轴线剪裁如图 2-11 所示。

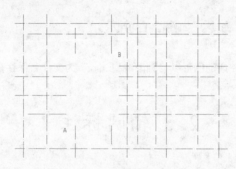

图 2-11　轴线剪裁图

【实例步骤】

1. 单击【轴线裁剪】命令，命令交互执行方式如下：

矩形的第一个角点或 [多边形裁剪(P)/轴线取齐(F)]<退出>:选 A

另一个角点<退出>:选 B

如图 2-11 显示

2. 保存图形

命令：SAVEAS↙　（将绘制完成的图形以"轴线裁剪.dwg"为文件名保存在指定的路径中）

2.2.3　轴改线型

轴改线型命令是将轴网命令中生成的默认线型实线改为点画线，实现在点画线和连续线之间的转换。命令执行方式为：

菜单：轴网柱子→轴改线型

在单击菜单命令后，图中轴线按照比例显示为点画线或连续线。实现轴改线型也可以通过在 AUTOCAD 命令中将轴线所在图层的线型改为点画线。在实际作图中轴线先用连续线，出图时转换为点画线。

实例 2-9 轴改线型

线型改变前如图 2-12 所示。

线型改变后如图 2-13 所示。

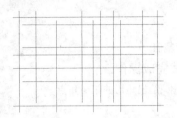 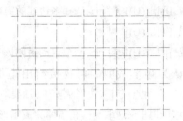

图 2-12　线型改变前　　　　　　　　　　图 2-13　轴改线型图

【实例步骤】

（1）使用【轴改线型】命令，如图 2-13 所示。

（2）保存图形

命令：SAVEAS↙　（将绘制完成的图形以"轴改线型.dwg"为文件名保存在指定的路径中）

2.3 轴网标注

本节主要讲解轴网标注中的轴号，进深和开间等的标注功能。

2.3.1 两点轴标

两点轴标功能是通过指定两点，标注轴网的尺寸和轴号，命令执行方式为：

命令行：LDZB

菜单：轴网柱子→两点轴标

单击【两点轴标】命令后，出现轴网标注对话框如图 2-14 所示。

图 2-14　【轴网标注】对话框

　"单侧标注"和"双侧标注"为标注的方式，"共用轴号"为与前段轴网标注的连接形式。"单侧标注"，起始轴号输入 A。此时命令行显示如下：

请选择起始轴线<退出>:选择起始轴线

请选择终止轴线<退出>:选择终止轴线

是否为按逆时针方向排序编号?[是(Y)/否(N)]<Y>: N

请选择起始轴线<退出>:回车退出

实例 2-10　两点轴标

绘制两点轴标如图 2-15 所示。

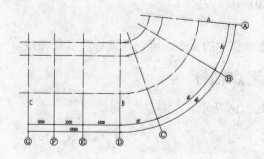

图 2-15　两点轴标图

【实例步骤】

（1）单击【两点轴标】命令，出现轴网标注对话框如图 2-14 所示。

（2）在【起始轴号】文本框中的默认起始轴号是 A。

（3）选择【单侧标注】。

（4）此时命令行提示为：

请选择起始轴线<退出>:选择起始轴线 A

请选择终止轴线<退出>:选择终止轴线 B

是否为按逆时针方向排序编号?[是(Y)/否(N)]<Y>: N

请选择起始轴线<退出>:回车退出

完成圆弧轴网标注。

（5）单击【两点轴标】命令，出现轴网标注对话框如图 2-14 所示。

（6）在【起始轴号】文本框中的默认起始轴号是 A。

（7）选择【共用轴号】。

（8）此时命令行提示为：

请选择起始轴线<退出>:选择共用轴线 B

请选择终止轴线<退出>:选择终止轴线 C

请选择起始轴线<退出>:回车退出

完成直线轴网标注。

（9）保存图形

命令：SAVEAS✓　　（将绘制完成的图形以"两点轴标.dwg"为文件名保存在指定的路径中）

2.3.2 逐点轴标

逐点轴标命令用于标注指定轴线的轴号，该命令标注的轴号是一个单独的对象，不参与轴号和尺寸重排，不适用于一般的平面图轴网，适用于立面、剖面、房间详图中标注单独轴号。命令执行方式为：

命令行：ZDZB

菜单：轴网柱子→逐点轴标

单击菜单命令后，命令行提示：

单击待标注的轴线<退出>:

请输入轴号<空号>:

逐点轴标命令是连续执行的命令，可以连续标注多条轴线。

实例 2-11 逐点轴标

绘制逐点轴标如图 2-16 所示。

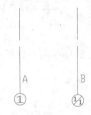

图 2-16 逐点轴标图

【实例步骤】

（1）单击【逐点轴标】命令，命令交互执行方式如下：

单击待标注的轴线<退出>:选其中一条轴线 A

请输入轴号<空号>:1

单击待标注的轴线<退出>:选另一条轴线 B

请输入轴号<空号>:1/1

如图 2-16 所示。

（2）保存图形

命令：SAVEAS✓　（将绘制完成的图形以"逐点轴标.dwg"为文件名保存在指定的路径中）

2.4 轴号编辑

本节主要讲解轴号编辑中的添补、删除、重排、倒排轴号和轴号夹点编辑等功能。

2.4.1 添补轴号

添补轴号功能是在轴网中对新添加的轴线添加轴号，新添加的轴号与原有轴号进行关联。
命令执行方式为：

命令行：TBZH

菜单：轴网柱子→添补轴号

单击【添补轴号】命令后，在交互命令行提示：

请选择轴号对象<退出>:选择与新轴号相连邻的轴号

请单击新轴号的位置或 [参考点(R)]<退出>:取新增轴号一侧，同时输入间距

新增轴号是否双侧标注?[是(Y)/否(N)]<Y>:

新增轴号是否为附加轴号?[是(Y)/否(N)]<N>:

实例 2-12 添补轴号

绘制添补轴号如图 2-17 所示。

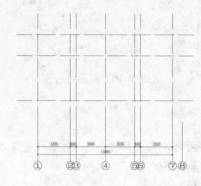

图 2-17 添补轴号图

【实例步骤】

（1）单击【添补轴号】命令，命令行提示为：

请选择轴号对象<退出>:选择 7

请单击新轴号的位置或 [参考点(R)]<退出>:@1000<0

新增轴号是否双侧标注?[是(Y)/否(N)]<Y>: N

新增轴号是否为附加轴号?[是(Y)/否(N)]<N>:N

则添补⑧轴号，如图 2-17 所示。

（2）保存图形

命令：SAVEAS↙　（将绘制完成的图形以"添补轴号.dwg"为文件名保存在指定的路径中）

2.4.2 删除轴号

删除轴号命令用于删除不需要的轴号，可支持一次删除多选轴号。命令执行方式为：

命令行：SCZH

菜单：轴网柱子→删除轴号

单击菜单命令后，命令行提示：

请框选轴号对象<退出>:选择待删除轴号的一角点

请框选轴号对象<退出>:选择待删除轴号的一角点

是否重排轴号?[是(Y)/否(N)]<Y>:

实例 2-13 删除轴号

绘制删除轴号如图 2-18 所示。

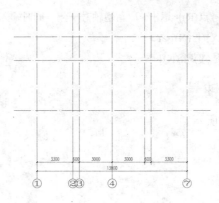

图 2-18　删除轴号图

【实例步骤】

（1）单击【删除轴号】命令，参见图 2-17，命令行提示为：

请框选轴号对象<退出>:选 5 轴左下侧

请框选轴号对象<退出>:选 6 轴右上侧

是否重排轴号?[是(Y)/否(N)]<Y>:N

本例选择不重排轴号的执行方式，如图 2-18 所示。

（2）保存图形

命令：SAVEAS↙　　（将绘制完成的图形以"删除轴号图.dwg"为文件名保存在指定的路径中）

2.4.3 重排轴号

重排轴号在所选择的轴号系统中，从选择的某个轴号位置开始对轴网轴号按输入的新轴号重新排序，在新轴号左（或下）方的其他轴号不受影响。

本命令通过右键菜单启动，执行命令前先单击轴号系统，命令行提示：

请选择需重排的第一根轴号<退出>:单击重排范围内的左（下）第一轴号

请输入新的轴号(.空号)<1>：输入新的轴号

实例 2-14　重排轴号

绘制重排轴号如图 2-19 所示。

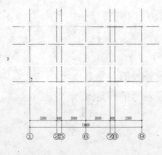

图 2-19　重排轴号图

【实例步骤】

（1）单击轴号系统，右键单击显示"重排轴号"选择，参见图 2-17，命令行提示为：

请选择需重排的第一根轴号<退出>:选 3

请输入新的轴号(.空号)<1>：5

如图 2-19 显示。

（2）保存图形

命令：SAVEAS↙（将绘制完成的图形以"重排轴号图.dwg"为文件名保存在指定的路径中）

2.4.4 倒排轴号

倒排轴号改变一组轴线标号的排序方向，该组编号自动进行排序，同时影响以后该轴号系统的排序方向，如果倒排轴号为从右到左的方向后，重排轴号后会按照从右到左的方式进行。除非重新执行倒排轴号命令。

本命令通过右键菜单启动，执行命令前先单击轴号系统，执行命令后轴号排序方向变化。

实例 2-15　倒排轴号

绘制倒排轴号如图 2-20 所示。

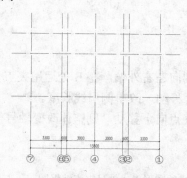

图 2-20　倒排轴号图

【实例步骤】

（1）单击轴号系统，参见图 2-17，命令执行后如图 2-20 显示。

（2）保存图形

命令：SAVEAS↙（将绘制完成的图形以"倒排轴号图.dwg"为文件名保存在指定的路径中）

2.4.5 轴号夹点编辑

轴号对象有夹点，可用拖曳夹点方式编辑轴号，可对成组轴号的相对位置进行改变，轴号的外偏和恢复等，方便了操作和使用。

执行轴号夹点编辑命令前先单击轴号系统，即可对轴号进行编辑。

轴号也可执行在位编辑和轴号对象编辑功能，其功能与前述命令功能一致，执行方式为运用光标在轴号上的轴号对象亮显，右击出现智能感知快捷菜单操作，选择对象编辑：

选择 [变标注侧(M)/单轴变标注侧(S)/添补轴号(A)/删除轴号(D)/单轴变号(N)/重排轴号(R)/轴圈半径(Z)]<退出>：

选择不同的功能即可执行。

实例 2-16　轴号夹点编辑

绘制轴号夹点编辑如图 2-21 所示。

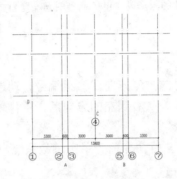

图 2-21　轴号夹点编辑图

【实例步骤】

（1）单击轴号系统。

（2）在 A 处运用夹点分别向左右外偏，在 B 处运用夹点分别向左右外偏。

（3）在 C 处 4 轴夹点向上移动，改单侧引线长度。

（4）在 D 处 1 轴引出线夹点向下移动，则整体改变轴号位置。

如图 2-21 所示。

（5）保存图形

命令：SAVEAS✓　　（将绘制完成的图形以"轴号夹点编辑图.dwg"为文件名保存在指定的路径中）

柱子和编辑

内容简介

柱子：介绍标准柱、角柱、构造柱和异形柱的创建方法。

柱子编辑：介绍柱子的的编辑方法。

3.1 柱子的创建

柱子是建筑物中起到主要支承作用的结构构件，分为标准柱、角柱、构造柱、异形柱和柱齐墙边功能。

3.1.1 标准柱

标准柱功能用来在轴线的交点处或任意位置插入矩形、圆形、正三角形、正五边形、正六边形、正八边形、正十二边形断面柱。命令执行方式为：

命令行：BZZ

菜单：轴网柱子→标准柱

标准柱命令执行后，显示【标准柱】对话框，如图3-1所示。

图3-1　【标准柱】对话框

实例 3-1 标准柱

练习绘制标准柱如图 3-2 所示。

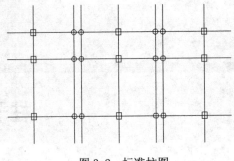

图 3-2 标准柱图

【实例步骤】

（1）单击【标准柱】对话框，如图 3-1 所示。

考虑到更好地运用对话框，对其中用到的控件说明如下：

〔柱子尺寸〕可通过直接输入数据和通过下拉菜单获得，随柱子的形状不同则参数有所不同。

〔偏心转角〕其中横轴和纵轴为定位中心线距离插入点的偏心值，旋转角度是在矩形轴网中以 X 轴为基准线，旋转角度在弧形轴网中以环向弧线为基准线，自动设置为逆时针为正，顺时针为负。

〔材料〕可在下拉菜单获得柱子的材料，包括砖、石材、钢筋混凝土和金属。

〔形状〕设定柱子的截面，有矩形、圆形、正三角形、正五边形、正六边形、正八边形、正十二边形。

〔点选插入〕捕捉轴线交点插入柱子，没有轴线交点时即为在所选点位置插入柱子。

〔沿轴线布置〕沿着一根轴线布置柱子，位置在所选轴线与其他轴线相交点处。

〔矩形区域布置〕指定矩形区域内的轴线交点插入柱子。

〔替换已插入柱〕替换图中已插入的柱子，以当前参数柱子替换图上已有的柱子，可单个和以窗选成批替换。

〔标准构件库〕天正提供的标准构件，可以对柱子进行编辑工作。

（2）在【材料】中选择默认数值为钢筋混凝土。

（3）在【形状】中选择默认数值为矩形。

（4）在【柱子尺寸】区域，在【横向】中选择 400，在【纵向】中选择 500，在【柱高】中选择默认数值为 3000。

（5）在【偏心转角】区域，在【横轴】中选择 0，在【纵轴】中选择 0，在【转角】中选择默认数值为 0。

（6）在插入方式中中选择【点选插入】。

（7）参数设定完毕后，在绘图区域单击激活，命令提示行显示：

单击柱子的插入位置<退出>或 [参考点(R)]<退出>:捕捉轴线交点插入柱子，没有轴线交点时即为在所选

点位置插入柱子

图中即可显示插入的柱子

（8）将不同形状的柱子按照不同的插入方式进行操作，在插入方式中选择【沿轴线布置】时，命令提示行显示：

请选择一轴线<退出>:沿着一根轴线布置柱子，位置在所选轴线与其他轴线相交点处

在插入方式中选择【矩形区域布置】时，命令提示行显示：

第一个角点<退出>:框选的一个角点

另一个角点<退出>:框选的另一个对角点

命令执行完毕后如图3-2所示。

（9）保存图形

命令：SAVEAS✓ （将绘制完成的图形以"标准柱.dwg"为文件名保存在指定的路径中）

实例3-2　替换已插入柱

将实例3-1中的柱子截面进行替换，绘制替换已插入柱如图3-3所示。

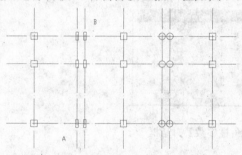

图3-3　替换已插入柱图

【实例步骤】

（1）单击【标准柱】对话框，如图3-1所示。

（2）在【材料】中选择默认值为钢筋混凝土。

（3）在【形状】中选择默认值为矩形。

（4）在【柱子尺寸】区域，在【横向】中选择200，在【纵向】中选择600，在【柱高】中选择默认数值为3000。

（5）在【偏心转角】区域，在【横轴】中选择0，在【纵轴】中选择0，在【转角】中选择默认数值为0。

（6）在插入方式中中选择【替换已插入柱】。

（7）参数设定完毕后，在绘图区域单击激活，命令提示行显示：

选择被替换的柱子:可单选也可以框选需要替换的柱子

图中即可已经替换完成的柱子，在区域A-B中，命令执行完毕后如图3-3所示。

（8）保存图形

命令：SAVEAS✓ （将绘制完成的图形以"替换已插入柱.dwg"为文件名保存在指定的路径中）

3.1.2　角柱

角柱用来在墙角插入形状与墙角一致的柱子，可改变柱子各肢的长度和宽度，并且能自动适应墙角的形状，命令执行方式为：

命令行：JZ

菜单：轴网柱子→角柱

命令执行后，命令行提示：

请选取墙角或 [参考点(R)]<退出>:点选需要加角柱的墙角

选取墙角后，显示【转角柱参数】，如图 3-4 所示。

根据所选择的参数插入所定义的角柱。

实例 3-3　角柱

绘制角柱如图 3-5 所示。

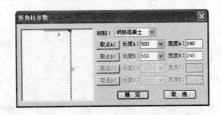

图 3-4　【转角柱参数】对话框

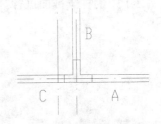

图 3-5　角柱图

【实例步骤】

（1）单击【角柱】对话框，命令行提示：

请选取墙角或 [参考点(R)]<退出>:选 A

出现【转角柱参数】对话框。

考虑到更好地运用对话框，对其中用到的控件说明如下：

〔材料〕可在下拉菜单获得柱子的材料，包括砖、石材、钢筋混凝土和金属。

〔长度〕输入角柱各分肢长度，可直接输入也可通过下拉菜单确定。

〔宽度〕各分肢宽度默认等于墙宽，改变柱宽后默认为对中变化，对于要求偏心变化时在完成角柱插入后以夹点方式进行修改。

〔取点 X<〕其中 X 为 A、B、C、D 各分肢，按钮的颜色对应墙上的分肢，确定柱分肢在墙上的长度。

（2）选中【取点 A<】，在【长度】中选择 400，在【宽度】中选择默认 240。

（3）选中【取点 B<】，在【长度】中选择 500，在【宽度】中选择默认 240。

（4）选中【取点 C <】，在【长度】中选择 600，在【宽度】中选择默认 240。

（5）单击【确定】，完成如图 3-5 所示。

（6）保存图形

命令：SAVEAS✓　（将绘制完成的图形以"角柱.dwg"为文件名保存在指定的路径中）

3.1.3 构造柱

构造柱可以在墙角和墙内插入依照所选择的墙角形状为基准,输入构造柱的具体尺寸,指出对齐方向。由于生成的为二维尺寸仅用于二维施工图中,因此不能用对象编辑命令修改。命令执行方式为:

命令行:GZZ

菜单:轴网柱子→构造柱

在单击菜单命令后,命令行提示:

请选取墙角或 [参考点(R)]<退出>:点选需要加构造柱的墙角:

选取墙角后,显示【构造柱参数】,如图3-6所示。

根据所选择的参数插入所定义的构造柱

实例3-4 构造柱

绘制构造柱如图3-7所示。

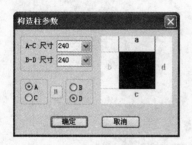

图3-6 【构造柱参数】对话框

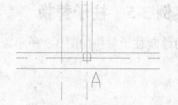

图3-7 构造柱图

【实例步骤】

(1)单击【构造柱】对话框,命令行提示:

请选取墙角或 [参考点(R)]<退出>:选 A

出现【构造柱参数】对话框,如图3-1所示。

考虑到更好地运用对话框,对其中用到的控件说明如下:

〔A-C 尺寸〕沿着 A-C 方向的构造柱尺寸,直接输入尺寸也可以通过下拉菜单确定。

〔B-D 尺寸〕沿着 B-D 方向的构造柱尺寸,直接输入尺寸也可以通过下拉菜单确定。

〔A/C 与 B/D〕对齐边的4个互锁按钮,选择柱子靠近哪边的墙线。

〔M〕对中按钮,按钮默认为灰色。

默认构造柱材料为钢筋混凝土。

(2)选中【A-C 尺寸】,在右侧选择 180。

(3)选中【B-D 尺寸】,在右侧选择 180。

(4)在【A-C】中选择 A。

(5)在【B-D】中选择 B。

(6)单击【确定】,完成如图3-7所示。

（7）保存图形

命令：SAVEAS✓ （将绘制完成的图形以"构造柱.dwg"为文件名保存在指定的路径中）

3.2 柱子编辑

3.2.1 柱子替换

标准柱命令执行方式为：

命令行：BZZ

菜单：轴网柱子→标准柱

标准柱命令执行后，显示【标准柱】对话框，选中柱子替换功能如图 3-8 所示。

单击绘图界面后，命令提示行显示：

选择被替换的柱子:点选或框选需要替换的柱子

选中即命令执行结束。

实例 3-5 柱子替换

练习绘制柱子替换如图 3-9 所示。

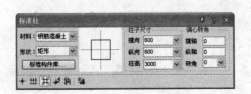

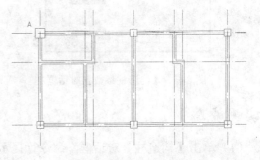

图 3-8 【柱子替换】对话框   图 3-9 柱子替换图

【实例步骤】

（1）显示【标准柱】对话框，选中柱子替换功能如图 3-9 所示。

（2）在【柱子尺寸】区域，在【横向】中选择 700，在【纵向】中选择 700，在【柱高】中选择默认数值为 3000。

（3）在【偏心转角】区域，在【横轴】中选择 0，在【纵轴】中选择 0，在【转角】中选择默认数值为 0。

（4）在插入方式中选择【柱子替换】。

（5）参数设定完毕后，在绘图区域单击激活，命令提示行显示：

选择被替换的柱子:A 点

命令执行完毕后如图 3-10 所示。

（6）保存图形

命令：SAVEAS√　（将绘制完成的图形以"柱子替换.dwg"为文件名保存在指定的路径中）

3.2.2　柱子编辑

柱子编辑可以分为对象编辑和特性编辑。柱子对象编辑采用双击要替换的柱子，显示【标准柱】相似的对话框，修改参数后【确定】即可更改所选中的柱子。

双击要替换的柱子，如图 3-10 所示。

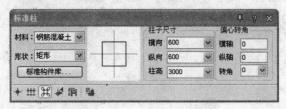

图 3-10　柱子编辑对话框

柱子的特性编辑是运用 AUTOCAD 的对象特性表，通过修改对象的专业特性即可修改柱子的参数（具体参照相应 AUTOCAD 命令）。

实例 3-6　柱子编辑

绘制角柱如图 3-12 所示。

图 3-11　柱图　　　　　　　　图 3-12　编辑后的柱图

【实例步骤】

（1）图中柱如图 3-11 所示。

（2）双击要替换的柱子 A，如图 3-11 所示。

（3）在【横向】中选择 700，在【纵向】中选择 700。

（4）单击【确定】，完成如图 3-12 所示。

（5）保存图形

命令：SAVEAS√　（将绘制完成的图形以"柱子编辑.dwg"为文件名保存在指定的路径中）

3.2.3　柱齐墙边

柱齐墙边命令用来移动柱子边与墙边线对齐，可以选择多柱子与在墙边对齐，命令执行方式为：

命令行：ZQQB

菜单：轴网柱子→柱齐墙边

在单击菜单命令后，命令行提示：

请单击墙边<退出>:选择与柱子对齐的墙边位置

选择对齐方式相同的多个柱子<退出>:选择柱子，可多选

选择对齐方式相同的多个柱子<退出>:

请单击柱边<退出>:选择柱子的对齐边

请单击墙边<退出>:重新选择与柱子对齐的墙边，或回车退出

实例 3-7 柱齐墙边

绘制柱齐墙边如图 3-13 所示。

图 3-13 柱图

图 3-14 柱齐墙边图

【实例步骤】

（1）打开柱图 3-13，完成柱齐墙边命令，单击【柱齐墙边】对话框，命令行提示：

请单击墙边<退出>:选 A 侧的墙

选择对齐方式相同的多个柱子<退出>:A

选择对齐方式相同的多个柱子<退出>: B

选择对齐方式相同的多个柱子<退出>:C

请单击柱边<退出>:A 下侧的柱子边

请单击墙边<退出>: 选择外墙边

以上命令执行后，如图 3-14 所示。

（2）保存图形

命令：SAVEAS↙ （将绘制完成的图形以"柱齐墙边.dwg"为文件名保存在指定的路径中）

墙体和编辑

内容简介

墙体创建：可以直接绘制墙体，也可以由单线转换而来。

墙体编辑：介绍倒墙角、修墙角、边线对齐、净距偏移、墙保温层，墙体造型的操作方法。

墙体编辑工具：介绍改墙体厚度和高度，以及墙体的修整。

墙体立面工具：介绍三维墙体的立面编辑方法。

内外识别工具：介绍识别内外墙的方法。

4.1 墙体创建

4.1.1 绘制墙体

单击【绘制墙体】菜单，启动如图 4-1 所示对话框，绘制的墙体自动处理墙体交接处的接头形式，命令执行方式为：

命令行：**HZQT**

菜单：墙体→绘制墙体

显示【绘制墙体】对话框，在【左宽】和【右宽】栏目中选择合适的墙宽度和墙基线方向，在【高度】中选择墙体高度，在【材料】中定义墙体材质，在【用途】中定义墙体类型，在下侧工具栏图标中选择绘制方式，为方便绘图墙体自动捕捉方式一般为选中。

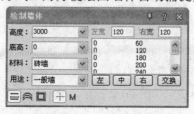

图 4-1 【绘制墙体】对话框

实例 4-1 绘制墙体

绘制墙体如图 4-2 所示。

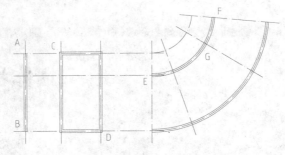

图 4-2 绘制墙体图

【**实例步骤**】

（1）单击【绘制墙体】对话框，绘制连续双线直墙和弧墙，对话框如图 4-1 所示。

考虑到更好地运用对话框，对其中用到的控件说明如下：

〔墙宽参数〕包括〔左宽〕、〔右宽〕两个参数，墙体的左、右宽度，指沿墙体定位点顺序，基线左侧和右侧的宽度其数值可以为正数、负数或零。

〔墙宽组〕对应有相应材料的常用的墙宽数据，可以对其中数据进行增加和删除。

〔墙基线〕墙体基线位置设〔左〕、〔中〕、〔右〕、〔交换〕共 4 种控制，〔左〕、〔右〕是在确定墙体的总宽后，将基线设置在右边线或左边线上，〔中〕是当前墙体总宽居中设置，〔交换〕是把当前左右墙厚交换方向。

〔高度〕表明墙体的高度，单击输入高度数据或通过右侧下拉菜单获得。

〔底高〕表明墙体底部高度，单击输入高度数据或通过右侧下拉菜单获得。

〔材料〕表明墙体的材质，单击下拉菜单选定。

〔用途〕表明墙体的类型，单击下拉菜单选定。

（2）选中【左宽】为 120，选中【右宽】为 120，在【墙基线】中选中【中】。

（3）选中【高度】为当前层高，选中【材料】为砖墙，在【用途】中为一般墙。

（4）选中【绘制直墙】，命令行提示：

起点或 [参考点(R)]<退出>:选 A

直墙下一点或 [弧墙(A)/矩形画墙(R)/闭合(C)/回退(U)]<另一段>:选 B

直墙下一点或 [弧墙(A)/矩形画墙(R)/闭合(C)/回退(U)]<另一段>:

绘制结果为 A−B 的直墙。

（5）选中【矩形绘墙】，命令行提示：

起点或 [参考点(R)]<退出>:选 C

另一个角点或 [直墙(L)/弧墙(A)]<取消>:选 D

起点或 [参考点(R)]<退出>:

绘制结果为 C−D 的直墙。

（6）选中【绘制弧墙】，命令行提示：

起点或 [参考点(R)]<退出>:选 E

弧墙终点<取消>:选 F

单击弧上任意点或 [半径(R)]<取消>:选 G

直墙下一点或 [弧墙(A)/矩形画墙(R)/闭合(C)/回退(U)]<另一段>:

绘制结果为 E－F 的弧墙，如图 4-2 所示。

（7）保存图形

命令：SAVEAS✓ （将绘制完成的图形以"绘制墙体图. dwg"为文件名保存在指定的路径中）

4.1.2　等分加墙

等分加墙是在墙段的每一等分处，做与所选墙体垂直墙体，所加墙体延伸至与指定边界相交，命令执行方式为：

命令行：DFJQ

菜单：墙体→等分加墙

单击命令后，提示的命令行：

选择等分所参照的墙段<退出>:选择要等分的墙段

此时显示对话框如图 4-3 所示。

在对话框中选择相应的数据，然后在绘图区域内单击，进入绘图区，命令行提示：

选择作为另一边界的墙段<退出>:选择新加墙体要延伸到的墙线

实例 4-2　等分加墙

绘制等分加墙如图 4-4 所示。

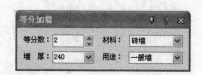

图 4-3　【等分加墙】对话框

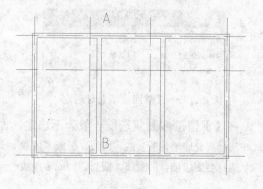

图 4-4　等分加墙图

【实例步骤】

（1）单击【等分墙体】命令，命令提示行如下：

选择等分所参照的墙段<退出>:选 A

此时显示对话框如图 4-3 所示。

考虑到更好地运用对话框，对其中用到的控件说明如下：

〔等分数〕为墙体段数加 1，数值可直接输入或通过上下箭头选定。

〔墙厚〕确定新加墙体的厚度，数值可直接输入或从右侧下拉菜单中选定。

〔材料〕确定新加墙体的材料构成，从右侧下拉菜单中选定。

〔用途〕确定新加墙体的类型，从右侧下拉菜单中选定。

（2）在【等分数】中选择 3，【墙厚】中选择 240，在【材料】中选择砖墙，在【用途】中选择一般墙。

（3）在绘图区域内单击，进入绘图区，命令行提示：

选择作为另一边界的墙段<退出>:选 B

命令执行完毕后如图 4-4 所示。

（4）保存图形

命令：SAVEAS✓　　（将绘制完成的图形以"等分加墙"为文件名保存在指定的路径中）

4.1.3　单线变墙

单线变墙可以把 AUTOCAD 绘制的直线，圆、圆弧为基准生成墙体，也可以基于设计好的轴网创建墙体，命令执行方式为：

命令行：DXBQ

菜单：墙体→单线变墙

在单击菜单命令后，显示对话框如图 4-5 所示。

确定好墙体尺寸后在【轴线生墙】复选框中选定，命令行提示如下：

选择要变成墙体的直线、圆弧、圆或多段线:通过框选确定

选择要变成墙体的直线、圆弧、圆或多段线:

确定好墙体尺寸后在【轴线生墙】复选框中未选定，显示对话框如图 4-6 所示。

图 4-5　【单线变墙】对话框　　　　　　　　图 4-6　【单线变墙】对话框

在【保留基线】复选框一般为不选定，命令行提示如下：

选择要变成墙体的直线、圆弧、圆或多段线:通过框选确定

选择要变成墙体的直线、圆弧、圆或多段线:

实例 4-3　单线变墙

绘制单线如图 4-7 所示。

生成的墙体如图 4-8 所示。

【实例步骤】

（1）原有单线图 4-7，单击【单线变墙】菜单命令后，显示对话框如图 4-5 所示

考虑到更好地运用对话框，对其中用到的控件说明如下：

〔外墙外侧宽〕为外墙外侧距离定位线的距离，可直接输入。

〔外墙内侧宽〕为外墙内侧距离定位线的距离，可直接输入。

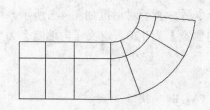

图 4-7　单线图

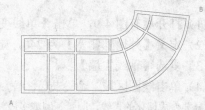

图 4-8　墙体图

〔内墙宽〕为内墙宽度，定位线居中，可直接输入。

〔轴线生墙〕此复选框选定后，表示基于轴网创建墙体，此时只选取轴线对象。

〔保留基线〕为单线生墙中原有基线是否保留，一般不选中。

（2）定义【外墙外侧宽】为240，定义【外墙内侧宽】为120，定义【内墙宽】为240。

（3）不复选【轴线生墙】，同时不复选【保留基线】。

（4）单击绘图区域，命令提示行为：

选择要变成墙体的直线、圆弧、圆或多段线:指定对角点（A，B）：找到 13 个

选择要变成墙体的直线、圆弧、圆或多段线:

Dangerous PickSet=!

处理重线...

处理交线...

识别外墙...

选择要变成墙体的直线、圆弧、圆或多段线:

生成的墙体如图 4-4 所示。

若想在生成的墙体上生成轴网可以采用前所述【墙生轴网】命令，具体情况在此不再叙述，可以参考前面章节。

（5）保存图形

命令：SAVEAS✓　（将绘制完成的图形以“单线变墙.dwg”为文件名保存在指定的路径中）

实例 4-4　轴线变墙

绘制轴线如图 4-9 所示。

生成的墙体如图 4-10 所示。

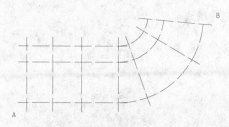

图 4-9　轴线图

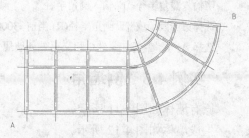

图 4-10　墙体图

【实例步骤】

（1）打开原有图 4-9，单击【单线变墙】菜单命令后，显示对话框如图 4-5 所示。

（2）定义【外墙外侧宽】为 240，定义【外墙内侧宽】为 120，定义【内墙宽】为 240。

（3）复选【轴线生墙】框。

（4）单击绘图区域，命令提示行为：

选择要变成墙体的直线、圆弧、圆或多段线:指定对角点（A，B）：找到 13 个

选择要变成墙体的直线、圆弧、圆或多段线:

Dangerous PickSet=!

处理重线...

处理交线...

识别外墙...

选择要变成墙体的直线、圆弧、圆或多段线:

生成的墙体如图 4-10 所示。

（5）保存图形

命令：SAVEAS✓　（将绘制完成的图形以"轴线变墙.dwg"为文件名保存在指定的路径中）

4.2　墙体编辑

墙体编辑可采用 TARCH 命令，也可采用 AUTOCAD 命令进行编辑。而且可以用双击墙体进入参数编辑，方便了我们使用。墙体的编辑分以下几种方式：

4.2.1　倒墙角

倒墙角用于处理两段不平行墙体的端头交角，采用圆角方式，菜单命令执行方式为：

命令行：DQJ

菜单：墙体→倒墙角

单击命令菜单后，命令行显示为：

选择第一段墙或 [设圆角半径(R),当前=0]<退出>: 设置圆角半径

请输入圆角半径<0>:输入圆角半径

选择第一段墙或 [设圆角半径(R),当前=3000]<退出>:选中墙线

选择另一段墙<退出>:选中相交另一处墙线

实例 4-5　倒墙角

原有墙体如图 4-11 所示。

生成墙体如图 4-12 所示。

【实例步骤】

34

（1）打开原有图 4-11，单击【倒墙角】命令，命令提示行显示：

选择第一段墙或 [设圆角半径(R),当前=0]<退出>: R

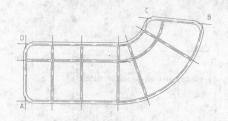

图 4-11　原有墙体图

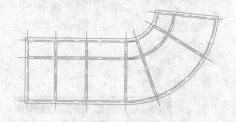

图 4-12　倒墙角图

请输入圆角半径<0>:1000

选择第一段墙或 [设圆角半径(R),当前=3000]<退出>:选中 A 处一墙线

选择另一段墙<退出>:选中 A 处另一墙线

完成 A 处倒墙角操作。

（2）同理使用【倒墙角】命令完成 B、C、D 点操作。

绘制结果为 E—F 的弧墙，如图 4-12 所示。

（3）保存图形

命令：SAVEAS↙　　（将绘制完成的图形以"倒墙角.dwg"为文件名保存在指定的路径中）

4.2.2　修墙角

修墙角用于属性相同的墙体相交的清理功能，当运用某些编辑命令造成墙体相交部分未打断时，可以采用修墙角命令进行处理，菜单命令执行方式为：

命令行：XQJ

菜单：墙体→修墙角

单击命令菜单后，命令行显示为：

请单击第一个角点或 [参考点(R)]<退出>:请框选需要处理的墙角、柱子或墙体造型，输入第一点

单击另一个角点<退出>:单击对角另一点。

由于命令执行方式比较简单，不用讲解指导实例进行分析。

4.2.3　边线对齐

边线对齐是墙边线通过指定点，偏移到指定位置的形式，可以把同一延长线上方向上多个墙段都对齐，命令执行方式为：

命令行：BXDQ

菜单：墙体→边线对齐

单击命令后，提示的命令行：

请单击墙边应通过的点或 [参考点(R)]<退出>:取墙边线通过的点

请单击一段墙<退出>:选中的墙体边线为指定的通过点

要是选择的墙体偏移后基线在墙体外侧时会出现对话框如图 4-13 所示。

在对话框中选择相应的选项，结束本命令。

实例 4-6 边线对齐

原有图形如图 4-14 所示。

图 4-13 【确认】对话框

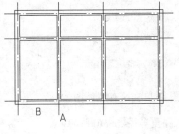

图 4-14 原有图

绘制边线对齐如图 4-15 所示。

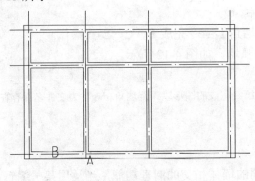

图 4-15 边线对齐图

【实例步骤】

（1）打开图形如图 4-14 所示，单击【边线对齐】命令，命令提示行如下：

请单击墙边应通过的点或 [参考点(R)]<退出>:选 A

请单击一段墙<退出>:选 B

此时显示对话框如图 4-13 所示，单击【确定】。

命令执行完毕后如图 4-15 所示。

（2）保存图形

命令：SAVEAS✓　　（将绘制完成的图形以"边线对齐.dwg"为文件名保存在指定的路径中）

4.2.4 净距偏移

净距偏移命令类似 AUTOCAD 的偏移命令，可以复制双线墙，并自动处理墙端接头，偏移的距离为不包括墙体厚度的净距，命令执行方式为：

命令行：JJPY

菜单：墙体→净距偏移

在单击菜单命令后，命令行提示如下：

输入偏移距离<2000>:输入两墙之间偏移的净距（不包括墙厚）

请单击墙体一侧<退出>:单击生成新墙的方向一侧

请单击墙体一侧<退出>:回车结束

实例 4-7   净距偏移

绘制原图如图 4-16 所示。

生成的净距偏移如图 4-17 所示。

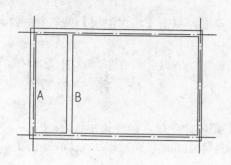

图 4-16   原图

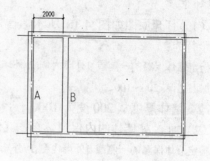

图 4-17   净距偏移图

【实例步骤】

（1）打开原图如图 4-16 所示，单击【净距偏移】菜单命令后，命令提示行为：

输入偏移距离<2000>:2000

请单击墙体一侧<退出>:选 A

请单击墙体一侧<退出>:回车退出

生成的墙体 B 如图 4-17 所示，墙线之间距离为净距。

（2）保存图形

命令：SAVEAS↙   （将绘制完成的图形以 "净距偏移.dwg" 为文件名保存在指定的路径中）

4.2.5   墙保温层

墙保温层命令可以在墙体上加入或删除保温墙线，遇到门自动断开，遇到窗自动把窗厚度增加，命令执行方式为：

命令行：QBWC

菜单：墙体→墙保温层

在单击菜单命令后，命令行提示如下：

指定墙体保温的一侧或 [外墙内侧(I)/外墙外侧(E)/消保温层(D)/保温层厚(当前=200)(T)]<退出>:

命令行中的选项中，输入 I 提示选择外墙内侧，输入 E 提示选择外墙外侧，输入 D 提示消除现有保温层，输入 T 提示确定保温层厚度。

实例 4-8   墙保温层

绘制原图如图 4-18 所示。

生成的墙保温层如图 4-19 所示。

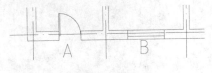

图 4-18　原图

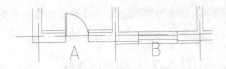

图 4-19　墙保温层图

【实例步骤】

（1）打开原图如图 4-18 所示，首先确定墙体厚度，单击【墙保温层】菜单命令后，命令提示行为：

指定墙体保温的一侧或 [外墙内侧(I)/外墙外侧(E)/消保温层(D)/保温层厚(当前=200)(T)]<退出>:T

保温层厚<200>:100

改变墙体厚度从 200 变为 100。

（2）加 A 处墙体的内保温，单击【墙保温层】菜单命令后，命令提示行为：

指定墙体保温的一侧或 [外墙内侧(I)/外墙外侧(E)/消保温层(D)/保温层厚(当前=200)(T)]<退出>:I

选择墙体: 选 A

墙体保温效果如图 4-19 所示中 A 处墙体，门侧保温层断开。

（3）加 B 处墙体的外保温，单击【墙保温层】菜单命令后，命令提示行为：

指定墙体保温的一侧或 [外墙内侧(I)/外墙外侧(E)/消保温层(D)/保温层厚(当前=200)(T)]<退出>:E

选择墙体: 选 B

墙体保温效果如图 4-19 所示中 B 处墙体，窗侧保温层加宽。

（4）保存图形

命令: SAVEAS✓　（将绘制完成的图形以"墙保温层.dwg"为文件名保存在指定的路径中）

4.2.6　墙体造型

墙体造型命令可构造平面形状局部凸出的墙体，附加在墙体上形成一体，由多段线外框生成与墙体关联的造型，命令执行方式为：

命令行：QTZX

菜单：墙体→墙体造型

在单击菜单命令后，命令行提示如下：

选择 [外凸造型(T)/内凹造型(A)]<外凸造型>:　回车默认采用外凸造型;

墙体造型轮廓起点或 [单击图中曲线(P)/单击参考点(R)]<退出>: 绘制墙体造型的轮廓线第一点或单击已有的闭合多段线作轮廓线;

直段下一点或 [弧段(A)/回退(U)]<结束>: 造型轮廓线的第二点;

直段下一点或 [弧段(A)/回退(U)]<结束>: 造型轮廓线的第三点;

直段下一点或 [弧段(A)/回退(U)]<结束>: 造型轮廓线的第四点;

直段下一点或 [弧段(A)/回退(U)]<结束>: 右击回车结束命令

实例 4-9　墙体造型

绘制原图如图 4-20 所示。

生成的墙体造型如图 4-21 所示。

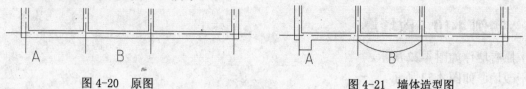

图 4-20　原图　　　　　　　　　　　　图 4-21　墙体造型图

【实例步骤】

（1）打开原图如图 4-20 所示，单击【墙体造型】菜单命令后，命令提示行为：

墙体造型轮廓起点或 [单击图中曲线(P)/单击参考点(R)]<退出>:选择 A 处外墙与轴线交点

直段下一点或 [弧段(A)/回退(U)]<结束>: @0,-500

直段下一点或 [弧段(A)/回退(U)]<结束>: @600,0

直段下一点或 [弧段(A)/回退(U)]<结束>: @0,500

直段下一点或 [弧段(A)/回退(U)]<结束>:回车结束

墙体造型效果如图 4-21 所示中 A 处墙体。

（2）加 B 处墙体的墙体造型，单击【墙体造型】菜单命令后，命令提示行为：

墙体造型轮廓起点或 [单击图中曲线(P)/单击参考点(R)]<退出>:选择 B 处外墙与轴线交点

直段下一点或 [弧段(A)/回退(U)]<结束>: A

弧段下一点或 [直段(L)/回退(U)]<结束>:选择 B 处外墙与轴线另一交点

单击弧上一点或 [输入半径(R)]: <正交 关>选择 B 点

直段下一点或 [弧段(A)/回退(U)]<结束>:回车结束

墙体造型效果如图 4-21 所示中 B 处墙体。

（3）保存图形

命令：SAVEAS✓　　（将绘制完成的图形以"墙体造型.dwg"为文件名保存在指定的路径中）

4.3　墙体编辑工具

墙体编辑可采用双击墙体进入参数编辑，采用墙体编辑工具可方便使用。墙体的编辑分以下几种方式：

4.3.1　改墙厚

倒墙角用于批量修改多段墙体的厚度，墙线一律改为居中，菜单命令执行方式为：

命令行：GQH

菜单：墙体→墙体工具→改墙厚

单击命令菜单后，命令行显示为：

选择墙体:选择要修改的墙体

选择墙体:回车返回

新的墙宽<240>:输入墙体的新厚度,墙线居中

实例 4-10　改墙厚

原有墙体如图 4-22 所示。

改墙厚如图 4-23 所示。

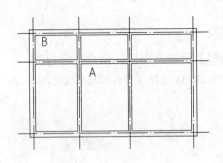

图 4-22　原有墙体图

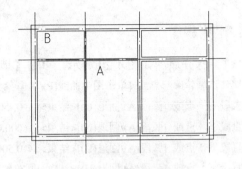

图 4-23　改墙厚图

【实例步骤】

（1）打开原有图 4-22，单击【改墙厚】命令，命令提示行显示：

选择墙体: 框选 A－B

选择墙体:

新的墙宽<240>:100

绘制结果为 E－F 的弧墙，如图 4-23 所示。

（2）保存图形

命令: SAVEAS✓　（将绘制完成的图形以"改墙厚.dwg"为文件名保存在指定的路径中）

4.3.2　改外墙厚

该外墙厚用于整体修改外墙厚度，在执行命令前应先【识别内外】，菜单命令执行方式为：

命令行：GWQH

菜单：墙体→墙体工具→改外墙厚

单击命令菜单后，命令行显示为：

请选择外墙:框选外墙

内侧宽<120>:输入外墙基线到外墙内侧边线的距离

外侧宽<240>:输入外墙基线到外墙外侧边线的距离

实例 4-11　改外墙厚

原有墙体如图 4-24 所示。

改外墙厚如图 4-25 所示。

图 4-24　原有墙体图

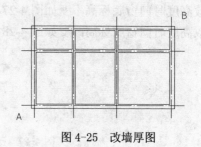

图 4-25　改墙厚图

【实例步骤】

（1）打开原有图 4-24，单击【改外墙厚】命令，命令提示行显示：

请选择外墙: 框选 A－B

内侧宽<120>:120

外侧宽<120>:240

绘制结果为 E－F 的弧墙，如图 4-25 所示。

（2）保存图形

命令: SAVEAS✓　（将绘制完成的图形以"改外墙厚.dwg"为文件名保存在指定的路径中）

4.3.3　改高度

改高度是修改墙中已定义的墙柱高度和底标高。说明此命令不仅改变墙高，还可以是柱，墙体造型的高度和底标高成批进行修改，命令执行方式为：

命令行：GGD

菜单：墙体→墙体工具→改高度

单击命令后，提示的命令行：

请选择墙体、柱子或墙体造型:选择需要修改高度的墙体，柱子，或墙体造型

请选择墙体、柱子或墙体造型:回车

新的高度<3000>:输入选择对象的新高度

新的标高<0>:输入选择对象的底面标高

是否维持窗墙底部间距不变?[是(Y)/否(N)]<N>: 确定门窗底标高是否同时根据新标高进行改变

选项中 Y 表示门窗底标高变化时相对墙底标高不变，选项中 N 表示门窗底标高变化时相对墙底标高变化。

实例 4-12　改高度

原有图形如图 4-26 所示。

图 4-26　原有图

改高度时门窗底标高不变如图 4-27 所示。

改高度时门窗底标高改变如图 4-28 所示。

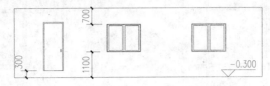

图 4-27　改高度时门窗底标高不变图

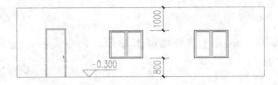

图 4-28　改高度时门窗底标高改变图

【实例步骤】

（1）打开图形如图 4-26 所示，单击【改高度】命令，命令提示行如下：

请选择墙体、柱子或墙体造型: 选墙体

请选择墙体、柱子或墙体造型:

新的高度<3000>:3000

新的标高<0>:-300

是否维持窗墙底部间距不变?[是(Y)/否(N)]<N>: Y

命令执行完毕后如图 4-27 所示。

（2）打开图形如图 4-26 所示，单击【改高度】命令，命令提示行如下：

请单击墙边应通过的点或 [参考点(R)]<退出>:选 A

请选择墙体、柱子或墙体造型: 选墙体

请选择墙体、柱子或墙体造型:

新的高度<3000>:3000

新的标高<0>:-300

是否维持窗墙底部间距不变?[是(Y)/否(N)]<N>: N

命令执行完毕后如图 4-28 所示。

（3）保存图形

命令: SAVEAS✓　（将绘制完成的图形以"改高度.dwg"为文件名保存在指定的路径中）

4.3.4　改外墙高

改外墙高仅是改变外墙高度，同【改墙高】命令类似，执行前先做内外墙识别工作，自动忽略内墙，命令执行方式为：

命令行：GWQG

菜单：墙体→墙体工具→改外墙高

单击命令后，提示的命令行：

请选择墙体、柱子或墙体造型:选择需要修改的高度的墙体，柱子，或墙体造型

请选择墙体、柱子或墙体造型:回车

新的高度<3000>:输入选择对象的新高度

新的标高<0>:输入选择对象的底面标高

是否维持窗墙底部间距不变?[是(Y)/否(N)]<N>: 确定门窗底标高是否同时根据新标高进行改变

选项中 Y 表示门窗底标高变化时相对墙底标高不变，选项中 N 表示门窗底标高变化时相对墙底标高变化，操作同【改墙高】。

4.3.5 平行生线

平行生线命令类似 AUTOCAD 的偏移命令，用于生成以墙体和柱子边定位的辅助平行线，命令执行方式为：

命令行：PXSX

菜单：墙体→墙体工具→平行生线

在单击菜单命令后，命令行提示如下：

请单击墙边或柱子<退出>:单击墙体的一侧

输入偏移距离<100>:输入墙皮到生成线的距离

实例 4-13 平行生线

绘制原图如图 4-29 所示。

图 4-29 原图

生成的平行生线如图 4-30 所示。

图 4-30 平行生线图

【实例步骤】

（1）打开原图如图 4-29 所示，单击【平行生线】菜单命令后，命令提示行为：

请单击墙边或柱子<退出>:选 A

输入偏移距离<100>: 100

请单击墙边或柱子<退出>:选 B

输入偏移距离<100>: 100

请单击墙边或柱子<退出>:选 C

输入偏移距离<100>: 100

生成的如图 4-30 所示。

（2）保存图形

命令：SAVEAS✓　（将绘制完成的图形以"平行生线.dwg"为文件名保存在指定的路径中）

4.3.6　墙端封口

墙端封口命令可以有墙端在封口和开口两种形式转换，命令执行方式为：

命令行：QDFK

菜单：墙体→墙体工具→墙端封口

在单击菜单命令后，命令行提示如下：

选择墙体: 选择要改变墙端封口的墙体

选择墙体:

实例 4-14　墙端封口

绘制原图如图 4-31 所示。

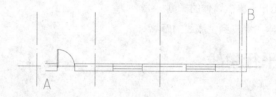

图 4-31　原图

生成的墙端封口如图 4-32 所示。

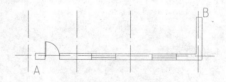

图 4-32　墙端封口图

【实例步骤】

（1）打开原图如图 4-31 所示，单击【墙端封口】菜单命令后，命令提示行为：

选择墙体: 选 A

选择墙体: 选 B

选择墙体:

墙端封口效果如图 4-32 所示。

（2）保存图形

命令：SAVEAS✓　（将绘制完成的图形以"墙端封口.dwg"为文件名保存在指定的路径中）

4.4 墙体立面工具

4.4.1 墙面 UCS

墙面 UCS 用来在基于所选的墙面上定义临时 UCS 用户坐标系，菜单命令执行方式为：

命令行：QMUCS

菜单：墙体→墙体立面→墙面 UCS

单击命令菜单后，命令行显示为：

请单击墙体一侧<退出>:选择墙体外墙

生成的视图为基于新建坐标系的视图。

实例 4-15 墙面 UCS

原图如图 4-33 所示。

墙面 UCS 如图 4-34 所示。

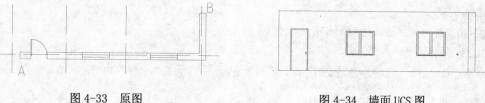

图 4-33 原图   图 4-34 墙面 UCS 图

【实例步骤】

（1）打开原有图 4-33，单击【墙面 UCS】命令，命令提示行显示：

请单击墙体一侧<退出>:选 A

绘制结果如图 4-34 所示。

（2）保存图形

命令：SAVEAS↙ （将绘制完成的图形以"墙面 UCS.dwg"为文件名保存在指定的路径中）

4.4.2 异形立面

异形立面可以在立面显示状态下，将墙按照指定的轮廓线剪裁生成非矩形的立面。菜单命令执行方式为：

命令行：YXLM

菜单：墙体→墙体立面→异形立面

单击命令菜单后，命令行显示为：

选择定制墙立面的形状的不闭合多段线<退出>:在立面视图中选择分割线

选择墙体:单击需要保留部分的墙体部分

选择墙体:

实例 4-16 异形立面

原有墙体立面如图 4-35 所示。

异形立面如图 4-36 所示。

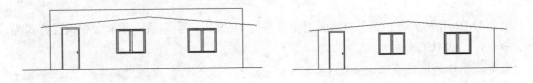

图 4-35 原有墙体立面图   图 4-36 异形立面图

【实例步骤】

（1）打开原有图 4-35，单击【异形立面】命令，命令提示行显示：

选择定制墙立面的形状的不闭合多段线<退出>:选分割斜线

选择墙体:选下侧墙体

选择墙体:

绘制结果为保留部分的墙体立面，如图 4-36 所示。

（2）保存图形

命令：SAVEAS↙   （将绘制完成的图形以"异形立面.dwg"为文件名保存在指定的路径中）

4.4.3 矩形立面

矩形立面是异形立面的反命令，可将异形立面墙恢复为标准的矩形立面图，命令执行方式为：

命令行：JXLM

菜单：墙体→墙体立面→矩形立面

单击命令后，提示的命令行：

选择墙体: 选择要恢复的异形立面墙体

选择墙体: 回车退出

实例 4-17 矩形立面

原有图形如图 4-37 所示。

矩形立面如图 4-38 所示。

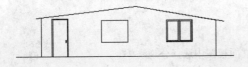 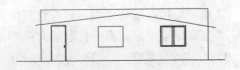

图 4-37 原有图   图 4-38 矩形立面图

【实例步骤】

（1）打开图形如图 4-37 所示，单击【矩形立面】命令，命令提示行如下：

选择墙体：选择要恢复的异形立面墙体

选择墙体：

命令执行完毕后如图 4-38 所示。

（2）保存图形

命令：SAVEAS✓　（将绘制完成的图形以"矩形立面.dwg"为文件名保存在指定的路径中）

4.5　墙体内外识别工具

4.5.1　识别内外

识别内外为自动识别内、外墙并同时设置墙体的内外特征，菜单命令执行方式为：

命令行：SBNW

菜单：墙体→识别内外→识别内外

单击命令菜单后，命令行显示为：

请选择一栋建筑物的所有墙体(或门窗)：框选整个建筑物墙体

请选择一栋建筑物的所有墙体(或门窗)：

识别出的外墙用红色的虚线示意。

4.5.2　指定内墙

指定内墙可将选取的墙体定义为内墙，菜单命令执行方式为：

命令行：ZDNQ

菜单：墙体→识别内外→指定内墙

单击命令菜单后，命令行显示为：

选择墙体：指定对角点：对角选取

选择墙体：

4.5.3　指定外墙

指定外墙可将选取的墙体定义为外墙，菜单命令执行方式为：

命令行：ZDWQ

菜单：墙体→识别内外→指定外墙

单击命令菜单后，命令行显示为：

请单击墙体外皮<退出>：逐段选择外墙皮

4.5.4 加亮外墙

加亮外墙可将指定的外墙体外边线用红色虚线加亮，菜单命令执行方式为：

命令行：JLWQ

菜单：墙体→识别内外→加亮外墙

单击命令菜单后，外墙边就加亮。

门窗

内容简介

门窗创建：介绍普通门窗、组合门窗、带型窗、转角窗等窗户的创建。

门窗编号和门窗表：介绍门窗编号的方式及检查，门窗表和门窗总表的生成。

门窗编辑和工具：介绍墙体的内外翻转、左右翻转、编号复位、门窗套、门口线、装饰套等的操作方式。

。

5.1 门窗创建

门窗是建筑物中重要组成部分，门窗创建就是在墙上确定门窗的位置，门窗的创建分以下几种方式：

5.1.1 门窗

单击【门窗】菜单，启动如图 5-1 所示对话框，命令执行方式为：

命令行：MC

菜单：门窗→门窗

图 5-1 插门【门参数】对话框

显示【门参数】对话框，以插门为例，在【编号】栏目中为所设置门选择编号，在【门高】中定义门高度，在【门宽】中定义门宽度，在【门槛高】中定义门的下缘到所在墙底标高的距离，在【二维视图】中单击进入天正图库管理系统选择合适的二维形式如图 5-2 所示，在【三维视图】中单击进入天正图库管理系统选择合适的三维形式如图 5-3 所示，在【查表】中察看门窗编号验证表如图 5-4 所示，在下侧工具栏图标左侧中选择插入门的方式。

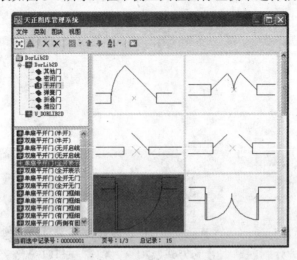

图 5-2　【天正图库管理系统】对话框

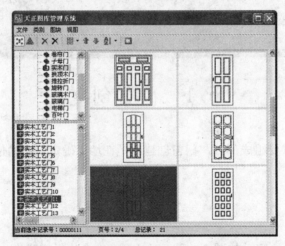

图 5-3　【天正图库管理系统】对话框

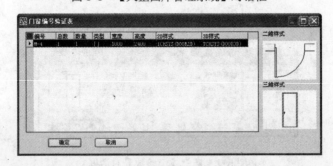

图 5-4　【门窗编号验证表】对话框

如插窗则显示【窗参数】对话框如图5-5所示，在【编号】栏目中为所设置窗选择编号，在【窗高】中定义窗高度，在【窗宽】中定义窗宽度，在【窗台高】中定义窗的下缘到所在墙底标高的距离，在【高窗】中选中则所插窗为高窗用虚线表示，在【二维视图】中单击进入天正图库管理系统选择合适的二维形式，在【三维视图】中单击进入天正图库管理系统选择合适的三维形式，在【查表】中察看门窗编号验证表，在下侧工具栏图标左侧中选择插入窗的方式。

如插门联窗则显示【门联窗】对话框如图5-6所示，在【编号】栏目中为所设置门联窗选择编号，在【门高】中定义门高度，在【总宽】中定义门联窗宽度，在【窗高】中定义窗高度，在【门宽】中定义门宽度，在【门槛高】中定义门的下缘到所在墙底标高的距离，在【二维视图】中单击进入天正图库管理系统选择合适的二维形式，在【三维视图】中单击进入天正图库管理系统选择合适的三维形式，在【查表】中察看门窗编号验证表，在下侧工具栏图标左侧中选择插入门联窗的方式。

图5-5　【窗参数】对话框　　　　　　　图5-6　【门联窗】对话框

如插子母门则显示【子母门】对话框如图5-7所示，在【编号】栏目中为所设置字母门选择编号，在【总门宽】中定义子母门总宽度，在【门高】中定义门高度，在【大门宽】中定义大门宽度，在【门槛高】中定义门的下缘到所在墙底标高的距离，在【二维视图】中单击进入天正图库管理系统选择合适的二维形式，在【三维视图】中单击进入天正图库管理系统选择合适的三维形式，在【查表】中察看门窗编号验证表，在下侧工具栏图标左侧中选择插入子母门的方式。

如插弧窗则显示【弧窗】对话框如图5-8所示，在【编号】栏目中为所设置弧窗选择编号，在【窗高】中定义弧窗高度，在【宽度】中定义弧窗宽度，在【窗台高】中定义弧窗的下缘到所在墙底标高的距离，在【作为高窗】中选中则所插弧窗为高窗用虚线表示，在【查表】中察看门窗编号验证表，在下侧工具栏图标左侧中选择插入弧窗的方式。

图5-7　【子母门】对话框　　　　　　　图5-8　弧窗【弧窗】对话框

如插凸窗则显示【凸窗】对话框如图5-9所示，在【编号】栏目中为所设置凸窗选择编号，在【型式】栏目中为所设置凸窗选择型式（单击右侧下拉菜单选择），在【宽度】中定义凸窗宽度，在【高度】中定义凸窗高度，在【窗台高】中定义凸窗的下缘到所在墙底标高的距离，在【凸出宽A】中定义凸窗凸出长度，在【梯形宽B】中定义梯形凸窗凸出宽度，在【左侧挡板】中选中则所插凸窗为左侧有挡板，在【右侧挡板】中选中则所插凸窗为右侧有挡板，在【查表】中察看门窗编号验证表，在下侧工具栏图标左侧中选择插入凸窗的方式。

如插矩形洞则显示【矩形洞】对话框如图 5-10 所示，在【编号】栏目中为所设置矩形洞选择编号，在【洞宽】中定义矩形洞宽度，在【洞高】中定义矩形洞高度，在【底高】中定义矩形洞的下缘到所在墙底标高的距离，在矩形洞型式中单击可以改变二维型式，在【查表】中察看门窗编号验证表，在下侧工具栏图标左侧中选择插入矩形洞的方式。

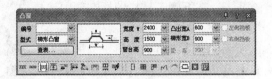

图 5-9　凸窗【凸窗】对话框　　　　　　　　　图 5-10　【矩形洞】对话框

如选择标准构件库则显示【天正构件库】对话框如图 5-11 所示，。

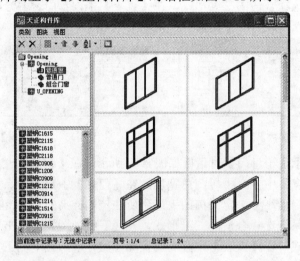

图 5-11　【天正构件库】对话框

实例 5-1　插入门窗

墙体如图 5-12 所示。

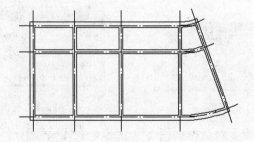

图 5-12　墙体图

插入门窗如图 5-13 所示。

【实例步骤】

52

（1）打开墙体图 5-12，单击【门窗】对话框插入门窗，对话框如图 5-1 所示。
对话框下侧工具栏图标左侧中选择插入的方式。对其中用到的控件说明如下：

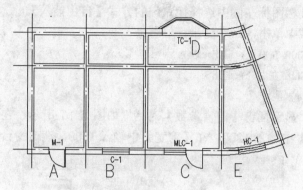

图 5-13　插入门窗图

〔自由插入〕左击自由插入门窗的墙段位置。

〔顺序插入〕沿着墙体顺序插入。

〔轴线等分插入〕依据单击位置两侧轴线进行等分插入。

〔墙段等分插入〕在单击的墙段上等分插入。

〔垛宽定距插入〕以最近的墙边线顶点做为基准点，指定垛宽距离插入门窗。

〔轴线定距插入〕以最近的轴线交点做为基准点，指定距离插入门窗。

〔按角度定位插入〕在弧墙上按指定的角度插入门窗。

〔满墙插入〕充满整个墙段插入门窗。

〔插入上层门窗〕在同一墙段上在已有门窗的上方插入宽度相同，高度不同的窗。

〔门窗替换〕用于批量转换修改门窗。单击门宽替换显示对话框如图 5-14 所示，在右侧
出现参数过滤开关，表明目标门窗替换成的对话框中参数确定的门窗，点选去掉某参数表明
目标门窗的该参数不变。

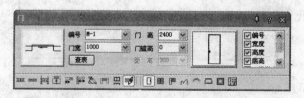

图 5-14　执行门窗替换的【门窗参数】对话框

（2）选择插门，显示插门【门窗参数】对话框如图 5-15 所示，在【编号】栏目中输入
编号 M-1，在【门高】中输入 2100，在【门宽】中输入 900，在【门槛高】·中输入 0。

图 5-15　【门窗参数】对话框

53

（3）在【二维视图】中单击进入天正图库管理系统选择门二维形式如图 5-2 所示。

（4）在【三维视图】中单击进入天正图库管理系统选择门三维形式如图 4-3 所示。

（5）在下侧工具栏图标左侧中选择插入门的方式【自由插入】。

（6）在绘图区域中单击，命令提示行显示：

单击门窗插入位置(Shift-左右开)<退出>:选 A 点

单击门窗插入位置(Shift-左右开)<退出>:

则 M-1 插入指定位置。

（7）选择插窗，显示插窗【门窗参数】对话框如图 5-16 所示，在【编号】栏目中输入编号 C-1，在【窗高】中输入 1200，在【窗宽】中输入 1500，在【窗台高】中输入 800。

图 5-16　执行插窗的【门窗参数】对话框

（8）在【二维视图】中单击进入天正图库管理系统选择窗二维形式如图 5-17 所示。

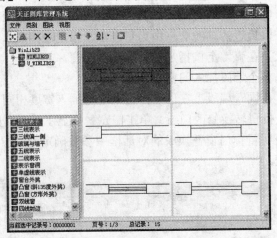

图 5-17　执行插窗的二维型式

（9）在【三维视图】中单击进入天正图库管理系统选择窗三维形式如图 5-18 所示。

（10）在下侧工具栏图标左侧中选择插入门的方式【轴线等分插入】。

（11）在绘图区域中单击，命令提示行显示：

单击门窗大致的位置和开向(Shift－左右开)<退出>:选 B 点

指定参考轴线[S]/门窗个数(1~2)<1>:1

单击门窗大致的位置和开向(Shift－左右开)<退出>:

则 C-1 插入指定位置。

（12）选择插门联窗，显示【门联窗】对话框如图 5-19 所示，在【编号】栏目中输入编号 MLC-1，在【门高】中输入 2300，在【总宽】中输入 2100，在【窗高】中输入 1400，在【门宽】中输入 900，在【门槛高】中输入 0。

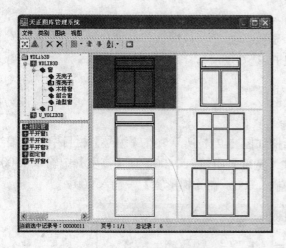

图 5-18　执行插窗的三维型式　　　　　　图 5-19　执行插门联窗的【门联窗】对话框

（13）在门的三维视图中单击进入天正图库管理系统，选择门的三维形式如图 5-20 所示。

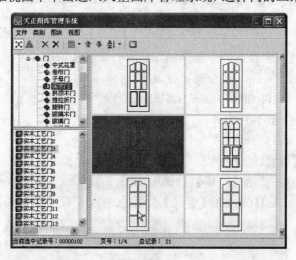

图 5-20　执行插门联窗的门的三维型式

（14）在窗的三维视图中单击进入天正图库管理系统，选择窗三维形式如图 5-21 所示。

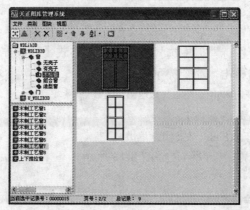

图 5-21　执行插门联窗的窗的三维型式

（15）在下侧工具栏图标左侧中选择插入门联窗的方式【墙段等分插入】。

（16）在绘图区域中单击，命令提示行显示：

单击门窗大致的位置和开向(Shift－左右开)<退出>:选 C 点

门窗个数(1~2)<1>: 1

单击门窗大致的位置和开向(Shift－左右开)<退出>:

则 MLC-1 插入指定位置。

（17）选择插凸窗，显示【凸窗】对话框如图 5-221 所示，在【编号】栏目中输入编号 TC-1，在【型式】栏目中选择梯形凸窗，在【宽度】中输入 2400，在【高度】中输入 1500，在【窗台高】中输入 900，在【凸出宽】中输入 600，在【梯形宽】中输入 900。

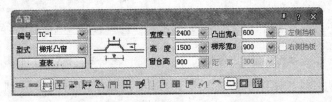

图 5-22 执行插凸窗的【凸窗】对话框

（18）在下侧工具栏图标左侧中选择插入凸窗的方式【轴线等分插入】。

（19）在绘图区域中单击，命令提示行显示：

单击门窗大致的位置和开向(Shift－左右开)<退出>:选 D 点

指定参考轴线[S]/门窗个数(1~1)<1>:1

单击门窗大致的位置和开向(Shift－左右开)<退出>:

则 TC-1 插入指定位置。

（20）选择插弧窗，显示【弧窗】对话框如图 5-23 所示，在【编号】栏目中输入编号 HC-1，在【宽度】中输入 1500，在【窗高】中输入 1800，在【窗台高】中输入 800。

图 5-23 执行插弧窗的【弧窗】对话框

（21）在下侧工具栏图标左侧中选择插入弧窗的方式【轴线等分插入】。

（22）在绘图区域中单击，命令提示行显示：

单击门窗大致的位置和开向(Shift－左右开)<退出>:选 E 点

指定参考轴线[S]/门窗个数(1~2)<1>:1

单击门窗大致的位置和开向(Shift－左右开)<退出>:

则 HC-1 插入指定位置，绘制结果如图 5-13 所示。

（23）保存图形

命令：SAVEAS✓　　（将绘制完成的图形以"插入门窗图.dwg"为文件名保存在指定的路径中）

5.1.2 组合门窗

组合门窗是将插入的多个门窗生成同一编号的组合门窗，命令执行方式为：

命令行：ZHMC

菜单：门窗→组合门窗

单击命令后，提示的命令行：

选择需要组合的门窗和编号文字:用鼠标单选需要组合的门窗

选择需要组合的门窗和编号文字:用鼠标单选需要组合的门窗

选择需要组合的门窗和编号文字:

输入编号:命名组合门窗

实例5-2 组合门窗

选择墙体如图5-24所示。

绘制组合门窗如图5-25所示。

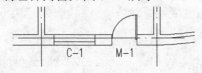 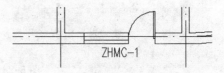

图5-24 墙体图   图5-25 组合门窗图

【实例步骤】

（1）选择墙体如图5-24所示，单击【组合门窗】命令，命令提示行如下：

选择需要组合的门窗和编号文字:选 C-1

选择需要组合的门窗和编号文字:选 M-1

选择需要组合的门窗和编号文字:

输入编号:ZHMC-1

命令执行完毕后如图5-25所示。

（2）保存图形

命令：SAVEAS↙ （将绘制完成的图形以"组合门窗"为文件名保存在指定的路径中）

5.1.3 带型窗

带型窗可以在一段或连续多段墙体上插入带窗，命令执行方式为：

命令行：DXC

菜单：门窗→带型窗

显示【带型窗】对话框如图5-26所示，在【编号】栏目中为所设置带型窗选择编号，在【窗户高】中定义带型窗高度，在【窗台高】中定义带型窗台宽度。

单击命令后，提示的命令行：

起始点或 [参考点(R)]<退出>:单击选择带型窗的起点

终止点或 [参考点(R)]<退出>:单击选择带型窗的终点

选择带形窗经过的墙:选择带型窗所在的墙段

选择带形窗经过的墙:选择带型窗所在的墙段

选择带形窗经过的墙:选择带型窗所在的墙段

选择带形窗经过的墙:

实例 5-3 带型窗

选择墙体如图 5-27 所示。

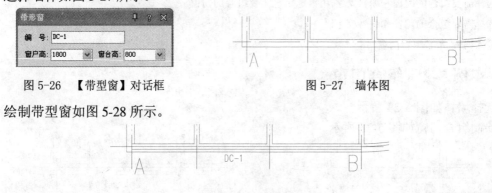

图 5-26 【带型窗】对话框　　　　　　　　图 5-27 墙体图

绘制带型窗如图 5-28 所示。

图 5-28 带型窗图

【实例步骤】

（1）选择墙体如图 5-27 所示，单击【带型窗】命令，显示对话框如图 5-26 所示，在【编号】栏目中输入 DC-1，在【窗户高】中输入 1800，在【窗台高】中输入 800。

（2）单击绘图区域，命令提示行如下：

起始点或 [参考点(R)]<退出>:选 A 点

终止点或 [参考点(R)]<退出>:选 B 点

选择带形窗经过的墙:选 A-B 所经过的墙体

选择带形窗经过的墙: 选 A-B 所经过的墙体

选择带形窗经过的墙: 选 A-B 所经过的墙体

选择带形窗经过的墙:

命令执行完毕后如图 5-28 所示。

（3）保存图形

命令：SAVEAS✓　（将绘制完成的图形以"带型窗.dwg"为文件名保存在指定的路径中）

5.1.4 转角窗

转角窗可以在墙角两侧插入等窗台高和窗高的相连窗子，为一个门窗编号，包括普通角窗和角凸窗两种形式。窗的起点和终点在相邻的墙段上，经过一个墙角，命令执行方式为：

命令行：ZJC

菜单：门窗→转角窗

在单击菜单命令后，显示对话框如图 5-29 所示。

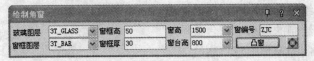

图 5-29　【绘制角窗】对话框

这是普通角窗的形式，单击【凸窗】，显示对话框如图 5-30 所示。

图 5-30　【绘制角窗】对话框

在相应的框栏内输入数据，在绘图区域单击，命令行提示如下：

请选取墙内角<退出>:选择转角窗的墙内角

转角距离 1<1000>:虚线墙体上窗的长度

转角距离 2<1000>:另一段虚线墙体上窗的长度

请选取墙内角<退出>:

实例 5-4　转角窗

绘制墙体如图 5-31 所示。

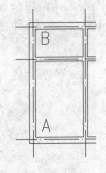

图 5-31　墙体图

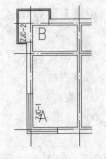

图 5-32　转角窗图

生成的转角窗如图 5-32 所示。

【实例步骤】

（1）原有墙体如图 5-31 所示，单击【转角窗】菜单命令后，显示对话框如图 5-29 所示，在其中单击【凸窗】，显示对话框如图 5-30 所示。

考虑到更好地运用对话框，对其中用到的控件说明如下：

〔玻璃图层〕为绘制的窗户中玻璃的图层。

〔窗框图层〕为绘制的窗户中窗框的图层。

〔窗台板图层〕为绘制的窗户中窗台板的图层。

〔窗框高〕为绘制的窗户中窗框的高度。

〔窗框厚〕为绘制的窗户中窗框的厚度。

〔窗板厚〕为绘制的窗户中窗台板厚度。

〔窗高〕为绘制的窗户中窗户高度。

〔窗台高〕为绘制的窗户中的窗台高度。

〔落地凸窗〕选中后，凸窗落地，墙内侧没有窗台。

〔窗编号〕为绘制的窗户的编号。

〔前凸距离〕为凸窗窗台凸出外墙面的距离。

〔延伸 1〕为窗台板和檐口板分别在一侧延伸出窗洞口外的距离。

〔延伸 2〕为窗台板和檐口板分别在另一侧延伸出窗洞口外的距离。

〔玻璃内凹〕为窗玻璃到窗台外侧退入的距离。

（2）先选普通角窗命令，定义【窗框高】为 50，定义【窗框厚】为 30，定义【窗高】为 1500，定义【窗台高】为 800，定义【窗编号】为 ZJC-1。

（3）单击绘图区域，显示的命令提示行为：

请选取墙内角<退出>:选 A 内角点

转角距离 1<1500>:2000（变虚）

转角距离 2<1000>:1500（变虚）

请选取墙内角<退出>:

生成的转角窗 ZJC-1，如图 5-32 所示。

（4）选角凸窗命令，定义【窗框高】为 50，定义【窗框厚】为 30，定义【窗板厚】为 100，定义【窗高】为 1500，定义【窗台高】为 800，不勾选【落地凸窗】，定义【窗编号】为 ZJC-2，定义【前凸距离】为 600，定义【延伸 1】为 100，定义【延伸 2】为 100，定义【玻璃内凹】为 100。

（5）单击绘图区域，命令提示行为：

请选取墙内角<退出>:选 B 内角点

转角距离 1<2000>:1000（变虚）

转角距离 2<1500>:1000（变虚）

请选取墙内角<退出>:

生成的转角窗 ZJC-2，如图 5-32 所示。

（6）保存图形

命令：SAVEAS↙ （将绘制完成的图形以"转角窗.dwg"为文件名保存在指定的路径中）

5.2　门窗编号与门窗表

5.2.1　门窗编号

门窗编号命令可以生成或者门窗编号，命令执行方式为：

命令行：MCBH

菜单：门窗→门窗编号

对没有编号的门窗自动编号，单击菜单命令后，命令行提示如下：

请选择需要改编号的门窗的范围:框选或点选门窗编号范围

请选择需要改编号的门窗的范围:

请选择需要修改编号的样板门窗:指定样板门窗

请输入新的门窗编号(删除编号请输入 NULL)<C1512>:可以输入编号或默认

对已经编号的门窗重新编号，单击菜单命令后，命令行提示如下：

请选择需要改编号的门窗的范围:框选或点选门窗编号范围

请选择需要改编号的门窗的范围:

请输入新的门窗编号(删除编号请输入 NULL)<C1512>:可以输入编号或默认

实例 5-5 门窗编号

墙体门窗如图 5-332 所示。

门窗编号如图 5-34 所示。

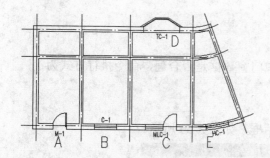

图 5-33 墙体门窗图

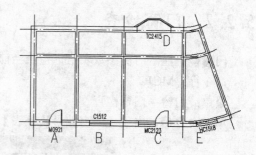

图 5-34 门窗编号图

【实例步骤】

（1）打开墙体图 5-33，单击【门窗编号】命令，命令行显示：

请选择需要改编号的门窗的范围:选 A

请选择需要改编号的门窗的范围:

请输入新的门窗编号(删除编号请输入 NULL)<M0921>:

则门窗编号改变，绘制结果如图 5-34 所示。

（2）打开墙体图 5-33，单击【门窗编号】命令，命令行显示：

请选择需要改编号的门窗的范围:选 B

请选择需要改编号的门窗的范围:

请输入新的门窗编号(删除编号请输入 NULL)<C1512>:

则门窗编号改变，绘制结果如图 5-33 所示。

（3）打开墙体图 5-33，单击【门窗编号】命令，命令行显示：

请选择需要改编号的门窗的范围:选 C

请选择需要改编号的门窗的范围:

请输入新的门窗编号(删除编号请输入 NULL)<MC2123>:

则门窗编号改变，绘制结果如图 5-34 所示。

（4）打开墙体图 5-33，单击【门窗编号】命令，命令行显示:

请选择需要改编号的门窗的范围:选 D

请选择需要改编号的门窗的范围:

请输入新的门窗编号(删除编号请输入 NULL)<TC2415>:

则门窗编号改变，绘制结果如图 5-33 所示。

（5）打开墙体图 5-33，单击【门窗编号】命令，命令行显示:

请选择需要改编号的门窗的范围:选 E

请选择需要改编号的门窗的范围:

请输入新的门窗编号(删除编号请输入 NULL)<HC1518>:

则门窗编号改变，绘制结果如图 5-34 所示。

（6）保存图形

命令: SAVEAS↙ （将绘制完成的图形以"门窗编号图.dwg"为文件名保存在指定的路径中）

5.2.2 门窗检查

门窗检查显示门窗参数表格，检查当前图中门窗数据是否合理，命令执行方式为:

命令行：MCJC

菜单：门窗→门窗检查

单击命令后，出现【门窗编号验证表】对话框，如图 5-35 所示。

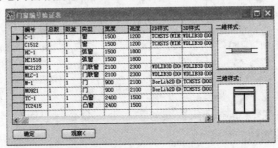

图 5-35 门窗编号验证表图

选择门窗，再单击【观察】对话框，提示的命令行:

观察第 1/1 个编号为'MC2123'的门窗 [列表查询(L)/返回(X)]<下一个>:

观察第 1/1 个编号为'MC2123'的门窗 [列表查询(L)/返回(X)]<下一个>:X

输入 L 虚线框住显示当前门窗，回车一次就显示在另外同一编号门窗，输入 X 返回对话框，继续其他操作。

5.2.3 门窗表

门窗表命令统计本图中的门窗参数，命令执行方式为:

命令行：MCB

菜单：门窗→门窗表

单击命令后，提示的命令行：

请选择当前层门窗:框选门窗

请选择当前层门窗:

此时显示【表格内容】对话框，如图 5-36 所示。

门窗表位置(左上角点)或 [参考点(R)]<退出>:点选门窗表插入位置

实例 5-6 门窗表

选择墙体如图 5-37 所示。

图 5-36 【表格内容】对话框

图 5-37 墙体图

生成的门窗表如图 5-38 所示。

门窗表

类型	设计编号	洞口尺寸(mm)	数量	图集名称	页次	选用型号	备注
门	M0921	900X2100	1				
门联窗	MC2123	2100X2300	1				
窗	C1512	1500X1200	1				
凸窗	TC2415	2400X1500	1				
弧窗	HC1518	1500X1800	1				

图 5-38 门窗表图

【实例步骤】

（1）选择墙体如图 5-37 所示，单击【门窗表】命令，命令提示行如下：

请选择当前层门窗:框选门窗 A－B

请选择当前层门窗:

此时显示【表格内容】对话框，如图 5-36 所示。

门窗表位置(左上角点)或 [参考点(R)]<退出>:点选门窗表插入位置

命令执行完毕后如图 5-38 所示。

（2）保存图形

命令：SAVEAS↙ （将绘制完成的图形以"门窗表.dwg"为文件名保存在指定的路径中）

5.2.4 门窗总表

门窗总表用于生成整座建筑的门窗表。统计本工程中多个平面图使用的门窗编号，生成门窗总表，命令执行方式为：

命令行：MCZB

菜单：门窗→门窗总表

门窗总表对话框同门窗表基本相同，同时门窗总表的命令在没有建立工程时或打开时会出现警告框，关于新建工程等操作在以后章节介绍。

5.3 门窗编辑和工具

5.3.1 内外翻转

内外翻转命令以墙中为中心线进行翻转，可以处理多个门窗，命令执行方式为：

命令行：NWFZ

菜单：门窗→内外翻转

单击菜单命令后，命令行提示如下：

选择待翻转的门窗:选择需要翻转的门窗

选择待翻转的门窗：

实例 5-7 内外翻转

墙体门窗如图 5-39 所示。

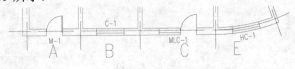

图 5-39 墙体门窗图

内外翻转如图 5-40 所示。

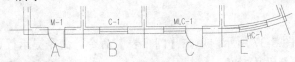

图 5-40 内外翻转图

【实例步骤】

（1）打开墙体门窗图 5-39，单击【内外翻转】命令，命令行显示：

选择待翻转的门窗: 选 A

选择待翻转的门窗: 选 C

选择待翻转的门窗:回车退出

绘制结果如图 5-40 所示。

（2）保存图形

命令：SAVEAS↙　　（将绘制完成的图形以"内外翻转图.dwg"为文件名保存在指定的路径中）

5.3.2　左右翻转

左右翻转命令以门窗中垂线为中心线进行翻转，可以处理多个门窗，命令执行方式为：

命令行：ZYFZ

菜单：门窗→左右翻转

单击菜单命令后，命令行提示如下：

选择待翻转的门窗:选择需要翻转的门窗

选择待翻转的门窗:

实例5-8　左右翻转

墙体门窗如图5-41所示。

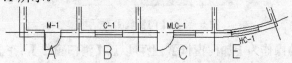

图5-41　墙体门窗图

左右翻转如图5-42所示。

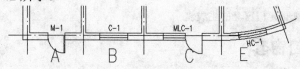

图5-42　左右翻转图

【实例步骤】

（1）打开墙体门窗图5-41，单击【左右翻转】命令，命令行显示：

选择待翻转的门窗: 选A

选择待翻转的门窗: 选C

选择待翻转的门窗:回车退出

绘制结果如图5-42所示。

（2）保存图形

命令：SAVEAS↙　　（将绘制完成的图形以"左右翻转图.dwg"为文件名保存在指定的路径中）

5.3.3　编号复位

编号复位命令的功能是，把用夹点编辑改变过位置的门窗编号恢复到默认位置，命令执行方式为：

命令行：BHFW

菜单：门窗→门窗工具→编号复位

单击菜单命令后，命令行提示如下：

选择名称待复位的窗: 选择要选的门窗

选择名称待复位的窗:回车退出

5.3.4　门窗套

门窗套命令在门窗四周加全门窗框套，命令执行方式为：

命令行：MCT

菜单：门窗→门窗工具→门窗套

单击命令后，显示【门窗套】对话框，如图5-432所示。

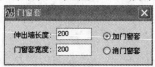

图 5-43　【门窗套】对话框

在对话框中默认的操作为【加门窗框】，也可以选【消门窗框】，在【伸出墙长度】和【门窗套宽度】中选定窗套参数，单击绘图区，命令行提示如下：

请选择外墙上的门窗: 选择要加门窗套的门窗

请选择外墙上的门窗:

单击窗套所在的一侧:指定门窗套的生成侧

实例 5-9　门窗套

选择门窗墙体如图 5-44 所示。

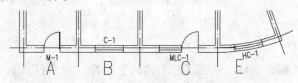

图 5-44　门窗墙体图

生成的门窗套如图 5-45 所示。

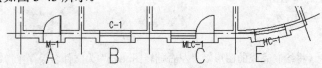

图 5-45　门窗套图

【实例步骤】

（1）选择墙体如图 5-44 所示，单击【门窗套】命令，显示【门窗套】对话框如图 5-43 所示，定义【伸出墙长度】为200，定义【门窗套宽度】为200，选中【加门窗框】。

（2）单击绘图区域，命令提示行如下：

请选择外墙上的门窗: 选 A

请选择外墙上的门窗: 选 B

请选择外墙上的门窗: 选 C

请选择外墙上的门窗: 选 E

请选择外墙上的门窗:

单击窗套所在的一侧: 选 A 外侧

单击窗套所在的一侧: 选 B 外侧

单击窗套所在的一侧: 选 C 外侧

单击窗套所在的一侧: 选 E 外侧

命令执行完毕后如图 5-45 所示。

（3）保存图形

命令：SAVEAS↙　（将绘制完成的图形以"门窗套.dwg"为文件名保存在指定的路径中）

5.3.5　门口线

门口线命令可以在平面图中添加门的门口线，表示门槛或门两侧地面标高不同，命令执行方式为：

命令行：MKX

菜单：门窗→门窗工具→门口线

单击菜单命令后，命令行提示如下：

选择要加减门口线的门窗:选择要加门口线的门

选择要加减门口线的门窗:

请单击门口线所在的一侧<退出>:现在生成门口线的一侧

双面加门口线时将上述命令重新执行一遍，选择方向时候选择另一侧即可。对已有门口线的重新执行则删除现有的门口线。

实例 5-10　门口线

墙体门窗如图 5-46 所示。

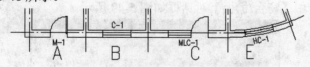

图 5-46　墙体门窗图

加门口线如图 5-47 所示。

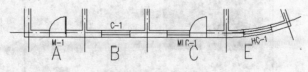

图 5-47　门口线图

【实例步骤】

（1）打开墙体门窗图 5-46，单击【门口线】命令，命令行显示：

选择要加减门口线的门窗: 选 A

选择要加减门口线的门窗: 选 C

选择要加减门口线的门窗:

请单击门口线所在的一侧<退出>:选择外侧

绘制结果如图 5-47 所示。

（2）保存图形

命令: SAVEAS✓　（将绘制完成的图形以"门口线图.dwg"为文件名保存在指定的路径中）

5.3.6　加装饰套

加装饰套命令用于添加门窗套线，可以选择各种装饰风格和参数的装饰套。装饰套描述了门窗属性的三维特征，用于室内设计中的立剖面图中门窗部位，命令执行方式为：

命令行：JZST

菜单：门窗→门窗工具→加装饰套

单击菜单命令后，显示门窗装饰套中【门窗套】对话框如图 5-48 所示。

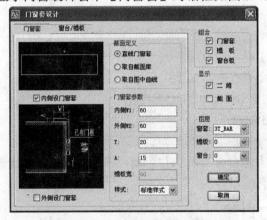

图 5-48　【门窗套】对话框

显示门窗装饰套中【窗台/檐板】对话框如图 5-49 所示。

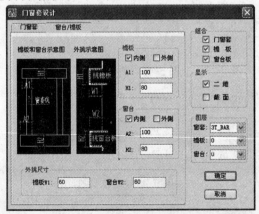

图 5-49　【窗台/檐板】对话框

在相应的框内输入数据，单击【确定】完成操作。

实例 5-11　加装饰套

墙体门窗如图 5-50 所示。

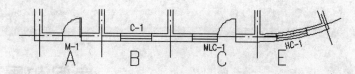

图 5-50　墙体门窗图

加装饰套如图 5-51 所示。

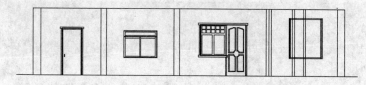

图 5-51　加装饰套立面图

【实例步骤】

（1）打开墙体门窗图 5-50，单击【加装饰套】命令，显示【加装饰套】对话框，在相应栏目中填入截面的形式和尺寸参数，单击【窗台/檐板】对话框，在相应栏目中设置参数。

（2）单击【确定】，进入绘图区域，命令提示行显示如下：

选择需要加门窗套的门窗: 选 A

选择需要加门窗套的门窗: 选 C

选择需要加门窗套的门窗:

单击室内一侧<退出>:选内侧

单击室内一侧<退出>:选内侧

绘制结果如图 5-51 所示。

（3）保存图形

命令: SAVEAS✓　　（将绘制完成的图形以"加装饰套图.dwg"为文件名保存在指定的路径中）

CHAPTER

房间和屋顶

内容简介

房间面积的创建：介绍搜索房间、查询面积、套内面积，面积累加有关房间面积的操作方式。

房间布置：介绍房间加踢脚线、奇数分格、偶数分格、布置洁具、布置隔断、布置隔板有关房间内部有关地板天花板操作，有关卫生间内洁具、隔断，隔板的布置。

屋顶创建：介绍搜屋顶线、标准坡顶、任意坡顶、攒尖屋顶、加老虎窗、加雨水管等有关屋顶面图形的绘制。

6.1 房间面积的创建

本节主要讲解房间面积可以通过多种命令创建，房间面积按要求分为建筑面积，使用面积和套内面积几种形式。

6.1.1 搜索房间

搜索房间是新生成或更新已有的房间信息对象，同时生成房间地面，标注位置位于房间的中心，命令执行方式为：

命令行：SSFJ

菜单：房间屋顶→搜索房间

单击菜单命令后，显示对话框如图 6-1 所示。

图 6-1 【搜索房间】对话框

命令行提示为：

请选择构成一完整建筑物的所有墙体(或门窗):选取平面图中的墙体

请选择构成一完整建筑物的所有墙体(或门窗):

请单击建筑面积的标注位置<退出>:在建筑物外标注建筑面积

想更改房间名称直接在房间名称上双击更改即可。

实例6-1 搜索房间

墙体门窗如图6-2所示。

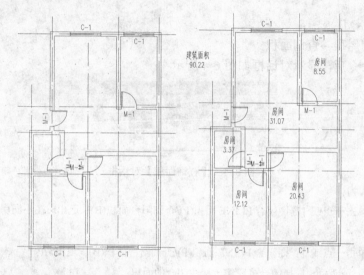

图6-2 墙体门窗图   图6-3 搜索房间图

搜索房间如图6-3所示。

【实例步骤】

（1）打开墙体门窗图6-2所示，单击【搜索房间】命令，显示对话框图6-1所示

考虑到更好地运用对话框，对其中用到的控件说明如下：

〔显示房间名称〕标示房间名称。

〔显示房间编号〕标示房间编号。

〔标注面积〕房间使用面积的标注形式，是否显示面积数值。

〔面积单位〕是否标示面积单位，默认以平方米为单位。

〔三维地面〕选择时可以在标示同时沿着房间对象边界生成三维地面。

〔屏蔽背景〕选择时可以屏蔽房间标注下面的图案。

〔板厚〕生成三维地面时，给出地面的厚度。

〔生成建筑面积〕在搜索生成房间同时，计算建筑面积。

〔建筑面积忽略柱了〕建筑面积计算规则中忽略凸出墙面的柱子与墙垛。

（2）单击绘图区域，命令行显示：

请选择构成一完整建筑物的所有墙体(或门窗):框选建筑物

请选择构成一完整建筑物的所有墙体(或门窗):

请单击建筑面积的标注位置<退出>:选择标注建筑面积的地方

绘制结果如图 6-3 所示。

（3）保存图形

命令：SAVEAS↙　　（将绘制完成的图形以"搜索房间图.dwg"为文件名保存在指定的路径中）

6.1.2　查询面积

查询面积命令可以查询由墙体组成的房间面积、阳台面积和闭合多段线面积，命令执行方式为：

命令行：CXMJ

菜单：房间屋顶→查询面积

单击菜单命令后，显示对话框如图 6-4 所示

图 6-4　【查询面积】对话框

命令行提示为：

请在屏幕上单击一点或 [查询闭合 PLINE 面积(P)/查询阳台面积(B)]<退出>:在不同房间动态显示房间面积

请在屏幕上单击一点或 [查询闭合 PLINE 面积(P)/查询阳台面积(B)]<退出>:P

选择闭合多段线<返回>:选择闭合多段线，标注闭合的面积

请在屏幕上单击一点或 [查询闭合 PLINE 面积(P)/查询阳台面积(B)]<退出>:B

选择阳台<返回>:选择阳台，标注阳台的面积

实例 6-2　查询面积

墙体门窗如图 6-5 所示。

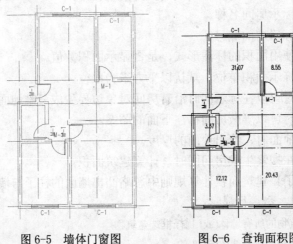

图 6-5　墙体门窗图　　　　图 6-6　查询面积图

查询面积如图 6-6 所示。

【**实例步骤**】

（1）打开墙体门窗图 6-5 所示，单击【查询面积】命令，显示对话框图 6-4 所示。

对话框功能与搜索房间命令相似，但【查询面积】命令可以动态显示房间面积。不想标注房间名称和编号时，要去除【生成房间对象】的勾选。本例中去除勾选。

（2）单击绘图区域，命令行显示：

请在屏幕上单击一点或 [查询闭合 PLINE 面积(P)/查询阳台面积(B)]<退出>:选 A

面积=31.0716 平方米

请在屏幕上单击一点或 [查询闭合 PLINE 面积(P)/查询阳台面积(B)]<退出>:选 B

面积=8.5536 平方米

请在屏幕上单击一点或 [查询闭合 PLINE 面积(P)/查询阳台面积(B)]<退出>:选 C

面积=3.3696 平方米

请在屏幕上单击一点或 [查询闭合 PLINE 面积(P)/查询阳台面积(B)]<退出>:选 D

面积=12.1176 平方米

请在屏幕上单击一点或 [查询闭合 PLINE 面积(P)/查询阳台面积(B)]<退出>:选 E

面积=20.4336 平方米

请在屏幕上单击一点或 [查询闭合 PLINE 面积(P)/查询阳台面积(B)]<退出>:

绘制结果如图 6-6 所示。

（3）保存图形

命令：SAVEAS✓　　（将绘制完成的图形以"查询面积图.dwg"为文件名保存在指定的路径中）

6.1.3　套内面积

套内面积命令的功能是计算住宅单元的套内面积，并创建套内面积的房间对象。把用夹点编辑改变过位置的门窗编号恢复到默认位置，命令执行方式为：

命令行：TNMJ

菜单：房间屋顶→套内面积

单击菜单命令后，命令行提示如下：

请选择构成一套房子的所有墙体(或门窗):窗选住宅单元

请选择构成一套房子的所有墙体(或门窗):

套内建筑面积(不含阳台)=xxx.xx

是否生成封闭的多段线?[是(Y)/否(N)]<Y>:默认生成多段线供确认

实例 6-3　套内面积

墙体门窗如图 6-7 所示。

套内面积如图 6-8 所示。

【**实例步骤**】

（1）打开墙体门窗图 6-7 所示，单击【套内面积】命令，命令行显示：

请选择构成一套房子的所有墙体(或门窗): 窗选住宅单元

请选择构成一套房子的所有墙体(或门窗):

套内建筑面积(不含阳台)=85.41

是否生成封闭的多段线?[是(Y)/否(N)]<Y>:Y

绘制结果如图 6-8 所示。

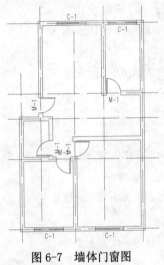

图 6-7　墙体门窗图

图 6-8　套内面积图

（2）保存图形

命令：SAVEAS✓　（将绘制完成的图形以"套内面积图.dwg"为文件名保存在指定的路径中）

6.1.4　面积累加

面积累加命令对选取的房间使用面积、阳台面积、建筑平面的建筑面积等数值合计，命令执行方式为：

命令行：MJLJ

菜单：房间屋顶→面积累加

单击绘图区，命令行提示如下：

请选择房间面积对象或面积数值文字:选择需要累加的第一个数值

请选择房间面积对象或面积数值文字:

单击面积标注位置<退出>:单击累加结果标注的位置

实例 6-4　面积累加

查询面积如图 6-9 所示。

生成的面积累加如图 6-10 所示。

【实例步骤】

（1）选择查询面积如图 6-9 所示，单击【面积累加】命令，命令提示行如下：

请选择房间面积对象或面积数值文字:窗选住宅单元

请选择房间面积对象或面积数值文字:

共选中了 5 个对象, 求和结果=75.546

单击面积标注位置<退出>:单击求和结果标注的位置

命令执行完毕后如图 6-10 所示。

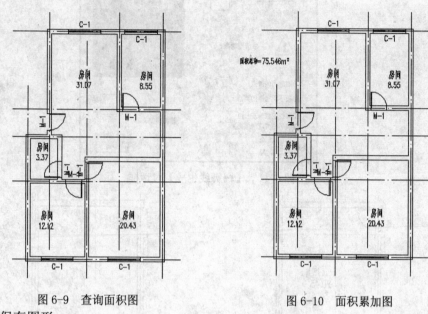

图 6-9　查询面积图　　　　　　　　图 6-10　面积累加图

（2）保存图形

命令：SAVEAS✓　　（将绘制完成的图形以"面积累加图.dwg"为文件名保存在指定的路径中）

6.2　房间布置

本节主要讲解房间布置中添加踢脚线，地面或天花面分格，洁具布置等装饰装修建模。

6.2.1　加踢脚线

加踢脚线命令是生成房间的踢脚线，命令执行方式为：

命令行：JTJX

菜单：房间屋顶→房间布置→加踢脚线

单击菜单命令后，显示对话框如图 6-11 所示。

在对话框控件中选择相应数据，单击确定完成操作。

实例 6-5　　加踢脚线

墙体门窗如图 6-12 所示。

加踢脚线如图 6-113 所示。

【实例步骤】

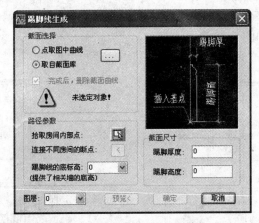

图 6-11 【踢脚线生成】对话框

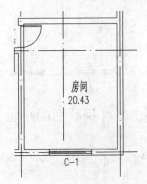

图 6-12 墙体门窗图

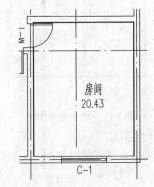

图 6-13 加踢脚线图

（1）打开墙体门窗图 6-12 所示，单击【加踢脚线】命令，显示对话框图 6-11 所示

考虑到更好的运用对话框，对其中用到的控件说明如下：

〔单击图中曲线〕点选本选项后，单击右侧"<"进入图形中选择截面形状。

〔取自截面库〕点选本选项后，单击右侧"…"进入踢脚线库，在库中选择需要的截面形式。

〔拾取房间内部点〕单击右侧按钮，在绘图区房间中单击选取。

〔连接不同房间的断点〕单击右侧按钮执行命令。房间门洞是无门套时，应该连接踢脚线断点。

〔踢脚线的底标高〕输入踢脚线底标高数值。在房间有高差时在指定标高处生成踢脚线。

〔踢脚厚度〕踢脚截面的厚度。

〔踢脚高度〕踢脚截面的高度。

（2）在【取自截面库】中右侧单击，选择需要的截面形状。在【拾取房间内部点】中右侧单击，选取房间内部点。对其他控件参数进行设定，【踢脚线的底标高】中设定为 0.0，在【踢脚厚度】中设定为 10，在【踢脚高度】中设定为 100，单击【确定】完成操作。

绘制结果如图 6-13 所示

（3）保存图形

76

命令: SAVEAS✓ （将绘制完成的图形以"加踢脚线图.dwg"为文件名保存在指定的路径中）

6.2.2 奇数分格

奇数分格命令绘制按奇数分格的地面或吊顶平面，命令执行方式为：

命令行：JSFG

菜单：房间屋顶→房间布置→奇数分格

单击菜单命令后，命令行提示为：

请用三点定一个要奇数分格的四边形，第一点 <退出>:选四边形的第一个角点

第二点 <退出>:选四边形的相邻的另一个角点

第三点 <退出>:选四边形的相邻的第三个角点

第一、二点方向上的分格宽度(小于 100 为格数) <500>:输入大于 100 的数则为分格的宽度；输入小于 100 的则为格数，命令行提示输入新的分格宽度。

第二、三点方向上的分格宽度(小于 100 为格数) <600>:同上确定相邻边边分格宽度。

实例 6-6　奇数分格

墙体门窗如图 6-14 所示。

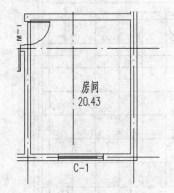

图 6-14　墙体门窗图

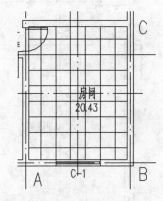

图 6-15　奇数分格图

奇数分格如图 6-15 所示。

【实例步骤】

（1）打开墙体门窗图 6-14 所示，单击【奇数分格】命令，命令行显示：

请用三点定一个要奇数分格的四边形，第一点 <退出>:选 A 内角点

第二点 <退出>:选 B 内角点

第三点 <退出>:选 C 内角点

第一、二点方向上的分格宽度(小于 100 为格数) <500>. 600

第二、三点方向上的分格宽度(小于 100 为格数) <600>:

中间生成对称轴，绘制结果如图 6-15 所示。

（2）保存图形

命令: SAVEAS✓ （将绘制完成的图形以"奇数分格图.dwg"为文件名保存在指定的路径中）

6.2.3 偶数分格

偶数分格命令绘制按偶数分格的地面或吊顶平面，命令执行方式为：

命令行：**OSFG**

菜单：房间屋顶→房间布置→偶数分格

单击菜单命令后，命令行提示为：

请用三点定一个要偶数分格的四边形, 第一点 <退出>:选四边形的第一个角点

第二点 <退出>:选四边形的相邻的另一个角点

第三点 <退出>:选四边形的相邻的第三个角点

第一、二点方向上的分格宽度(小于 100 为格数) <600>:输入大于 100 的数则为分格的宽度;输入小于 100 的则为格数，命令行提示输入新的分格宽度。

第二、三点方向上的分格宽度(小于 100 为格数) <600>:同上确定相邻边边分格宽度。

实例 6-7　偶数分格

墙体门窗如图 6-16 所示。

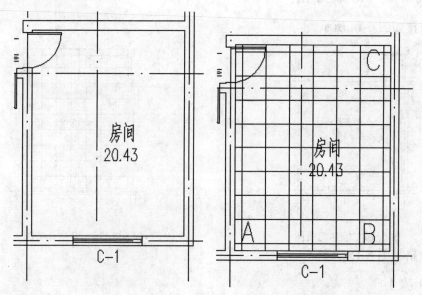

图 6-16　墙体门窗图　　　　图 6-17　偶数分格图

偶数分格如图 6-17 所示。

【实例步骤】

（1）打开墙体门窗图 6-16 所示，单击【偶数分格】命令，命令行显示：

请用三点定一个要偶数分格的四边形, 第一点 <退出>:选 A 内角点

第二点 <退出>:选 B 内角点

第三点 <退出>:选 C 内角点

第一、二点方向上的分格宽度(小于 100 为格数) <600>:

第二、三点方向上的分格宽度(小于 100 为格数) <600>:

绘制结果如图 6-17 所示。

（2）保存图形

命令：SAVEAS↙　（将绘制完成的图形以"偶数分格图.dwg"为文件名保存在指定的路径中）

6.2.4　布置洁具

布置洁具命令可以在卫生间或浴室中选取相应的洁具类型，布置卫生洁具等设施，命令执行方式为：

命令行：**BZJJ**

菜单：房间屋顶→房间布置→布置洁具

单击菜单命令后，显示【天正洁具】对话框如图 6-18 所示

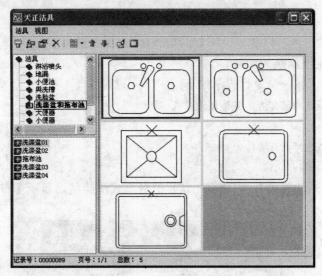

图 6-18　【天正洁具】对话框

在对话框控件中选择不同类型的洁具后，系统自动给出与该类型相适应的布置方法。在右侧预览框中双击所需布置的卫生洁具根据弹出的对话框和命令行在图中布置洁具。

实例 6-8　布置洁具

墙体门窗如图 6-19 所示。

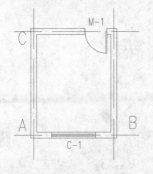

图 6-19　墙体门窗图

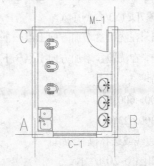

图 6-20　布置洁具图

布置洁具如图 6-20 所示。

【实例步骤】

（1）打开墙体门窗图 6-19 所示，单击【布置洁具】命令，显示【天正洁具】对话框如图 6-18 所示。

（2）单击【洗涤盆和拖布池】，右侧双击选定的洗涤盆，显示【布置洗涤盆 01】对话框如图 6-21 所示。

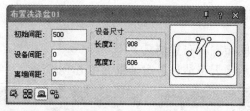

图 6-21 【布置洗涤盆 01】对话框图

在对话框中设定洗涤盆的参数。

（3）单击绘图区域，命令行提示如下：

请单击墙体边线或选择已有洁具:选取墙边线 A

下一个<退出>:

请单击墙体边线或选择已有洁具:

绘制结果如图 6-20 所示。

（4）单击【台式洗脸盆】，右侧双击选定的台上式洗脸盆，显示【布置台上式洗脸盆 1】对话框如图 6-22 所示。

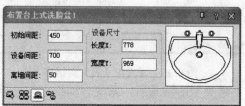

图 6-22 【布置台上式洗脸盆 1】对话框图

在对话框中设定台上式洗脸盆的参数。

（5）单击绘图区域，命令行提示如下：

请单击墙体边线或选择已有洁具:选墙边线 B

是否为该对象?[是(Y)/否(N)]<Y>:

下 一 个<退出>:在洗脸盆增加方向上点一下

下一个<退出>:在洗脸盆增加方向上点一下

下一个<退出>:

台面宽度<600>:600

台面长度<2300>:2300

请单击墙体边线或选择已有洁具:

绘制结果如图 6-20 所示。

（6）单击【大便器】，右侧双击选定的蹲便器，显示【布置蹲便器（高位水箱）】对话框如图 6-23 所示。

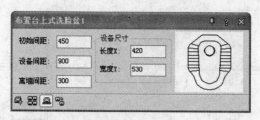

图 6-23　【布置蹲便器（高位水箱）】对话框图

在对话框中设定蹲便器（高位水箱）的参数。

（7）单击绘图区域，命令行提示如下：

请单击墙体边线或选择已有洁具:选墙边线 C

下一个<退出>:在蹲便器增加方向上点一下

下一个<退出>:在蹲便器增加方向上点一下

下一个<退出>:

绘制结果如图 6-20 所示。

（8）保存图形

命令：SAVEAS✓　　（将绘制完成的图形以"布置洁具图.dwg"为文件名保存在指定的路径中）

6.2.5　布置隔断

布置隔断命令通过两点线选取已经插入的洁具，布置卫生间隔断，命令执行方式为：

命令行：BZGD

菜单：房间屋顶→房间布置→布置隔断

单击菜单后，命令行提示如下：

输入一直线来选洁具!

起点:单击直线起点

终点:单击直线终点

隔板长度<1200>:输入隔板的长度

隔断门宽<600>:输入隔板的宽度

实例 6-9　　布置隔断

房间如图 6-24 所示。

布置隔断如图 6-25 所示。

【实例步骤】

（1）选择房间如图 6-24 所示，单击【布置隔断】命令，命令提示行如下：

输入一直线来选洁具!

起点:选 A

终点:选 B

隔板长度<1200>:1200

隔断门宽<600>:600

命令执行完毕后如图 6-25 所示。

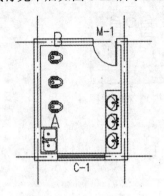

图 6-24　房间图

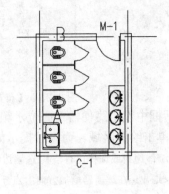

图 6-25　布置隔断图

（2）保存图形

命令：SAVEAS✓　（将绘制完成的图形以"布置隔断图.dwg"为文件名保存在指定的路径中）

6.2.6　布置隔板

布置隔板命令通过两点线选取已经插入的洁具，布置卫生间隔板，用于小便器之间，命令执行方式为：

命令行：BZGB

菜单：房间屋顶→房间布置→布置隔板

单击菜单后，命令行提示如下：

输入一直线来选洁具！

起点：单击直线起点

终点：单击直线终点

隔板长度<400>:输入隔板的长度

实例 6-10　　布置隔板

房间如图 6-26 所示。

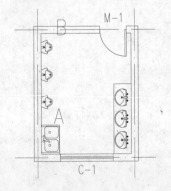

图 6-26　房间图

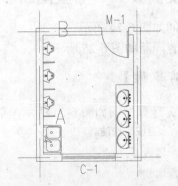

图 6-27　布置隔板图

布置隔板如图 6-27 所示。

【实例步骤】

（1）选择房间如图 6-26 所示，单击【布置隔板】命令，命令提示行如下：

输入一直线来选洁具！

起点: 选 A

终点: 选 B

隔板长度<400>:

命令执行完毕后如图 6-27 所示。

（2）保存图形

命令: SAVEAS✓　　（将绘制完成的图形以"布置隔板图.dwg"为文件名保存在指定的路径中）

6.3　屋顶创建

本节主要讲解屋顶的多种造型和在屋顶中加老虎窗和雨水管。

6.3.1　搜屋顶线

搜屋顶线命令是搜索整体墙线，按照外墙的外边生成屋顶平面的轮廓线，命令执行方式为：

命令行：SWDX

菜单：房间屋顶→搜屋顶线

单击菜单命令后，命令行提示：

请选择构成一完整建筑物的所有墙体(或门窗):框选建筑物

请选择构成一完整建筑物的所有墙体(或门窗):

偏移外皮距离<600>:屋顶的出檐长度

实例 6-11　　搜屋顶线

墙体如图 6-28 所示。

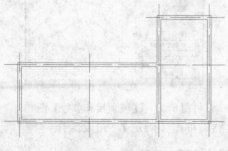

图 6-28　墙体图

生成屋顶出檐线如图 6-29 所示。

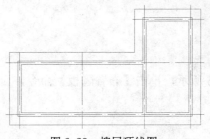

图 6-29　搜屋顶线图

【实例步骤】

（1）打开墙体门窗图 6-28 所示，单击【搜屋顶线】命令，命令行显示：

请选择构成一完整建筑物的所有墙体(或门窗): 框选建筑物

请选择构成一完整建筑物的所有墙体(或门窗):

偏移外皮距离<600>:

绘制结果如图 6-29 所示。

（2）保存图形

命令：SAVEAS√　（将绘制完成的图形以"搜屋顶线图.dwg"为文件名保存在指定的路径中）

6.3.2　标准坡顶

人字坡顶命令可由封闭得多段线生成指定坡度角的单坡或双坡屋面对象，命令执行方式为：

命令行：RZPD

菜单：房间屋顶→人字坡顶

单击菜单命令后，命令行提示为：

请选择一封闭的多段线<退出>:选择封闭多段线

请输入屋脊线的起点<退出>:输入屋脊起点

请输入屋脊线的终点<退出>:输入屋脊终点

显示对话框如图 6-30 所示。

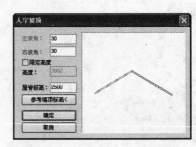

图 6-30　【坡顶尺寸参数】图

在对话框中设置参数，然后单击【确定】，完成操作。

实例 6-12　　标准坡顶

墙体如图 6-31 所示。

人字坡顶如图 6-32 所示。

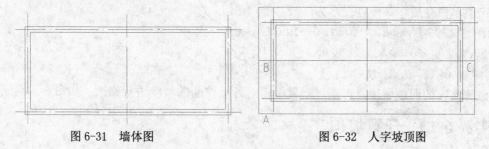

图 6-31　墙体图　　　　　　　　　　　图 6-32　人字坡顶图

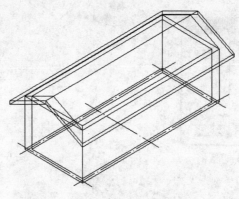

图 6-33　人字坡顶立体视图

【实例步骤】

（1）打开墙体图 6-31 所示，单击【人字坡顶】命令，命令行显示：

请选择一封闭的多段线<退出>:选择 A

请输入屋脊线的起点<退出>:选择 B

请输入屋脊线的终点<退出>:选择 C

（2）显示对话框如图 6-30 所示。

考虑到更好地运用对话框，对其中用到的控件说明如下：

〔左坡角〕〔右坡角〕本选项确定坡屋顶的坡度角。

〔屋脊标高〕本选项为确定屋脊的标高值。

〔参考墙顶标高〕在本项中选取墙面，起算屋脊标高。

在对话框中设置参数，然后单击【确定】，绘制结果如图 6-33 所示。

（3）保存图形

命令：SAVEAS↙　（将绘制完成的图形以"人字坡顶图.dwg"为文件名保存在指定的路径中）

6.3.3　任意坡顶

任意坡顶命令由封闭的多段线生成指定坡度的坡形屋面，对象编辑可分别修改各坡度，命令执行方式为：

命令行：RYPD

菜单：房间屋顶→任意坡顶

单击菜单命令后，命令行提示为：

选择一封闭的多段线<退出>:点选封闭的多段线

请输入坡度角 <30>:输入屋顶坡度角

出檐长<600>:输入出檐长度

生成等坡度的四坡屋顶，可通过对象编辑对各个坡面的坡度进行修改，如图6-34所示。

实例6-13 任意坡顶

封闭屋顶多段线如图6-35所示。

图6-34 【坡屋顶】对话框

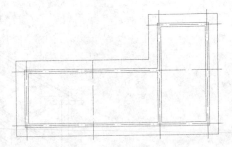

图6-35 多段线图

任意坡顶如图6-36所示。

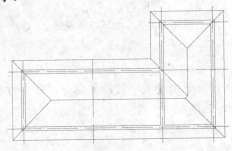

图6-36 任意坡顶图

【实例步骤】

（1）封闭屋顶多段线图6-34所示，单击【任意坡顶】命令，命令行显示：

选择一封闭的多段线<退出>:点选封闭的多段线

请输入坡度角 <30>:30

出檐长<600>:600

绘制结果如图6-36所示。

（2）保存图形

命令：SAVEAS✓　（将绘制完成的图形以"任意坡顶图.dwg"为文件名保存在指定的路径中）

6.3.4 攒尖屋顶

攒尖屋顶命令可以生成对称的正多边锥形攒尖屋顶，考虑出挑与起脊，可加宝顶与尖锥，命令执行方式为：

命令行：CJWD

菜单：房间屋顶→攒尖屋顶

单击菜单命令后，显示【攒尖顶尺寸参数】对话框如图 6-37 所示。

图 6-37　【攒尖顶尺寸参数】对话框

在对话框中输入相应的数值，点选【中点/基点】，命令行提示为：

请单击屋顶的中心点:选取屋顶的中心点

单击屋顶与墙/柱相交的一角点:选取屋顶与墙相交的角点

此时返回对话框，单击【确定】，命令行提示：

请输入与墙体连接处标高.D-以三维面顶边定/ 当前值<3000>:输入墙顶和柱顶标高

实例 6-14　攒尖屋顶

墙体如图 6-38 所示。

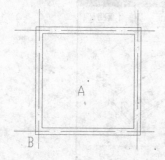

图 6-38　墙体图

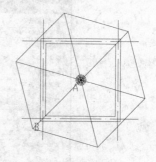

图 6-39　攒尖屋顶图

攒尖屋顶如图 6-39 所示。

【实例步骤】

（1）打开墙体门窗图 6-38 所示，单击菜单命令后，显示【攒尖顶尺寸参数】对话框如图 6-37。

考虑到更好地运用对话框，对其中用到的控件说明如下：

〔屋顶高〕屋顶的净高。

〔出檐长〕攒尖屋顶内接圆与到给定点的挑出长度。

〔檐板宽〕檐板的垂直厚度。

〔等分数〕确定攒尖屋顶的分段数。

〔宝顶高〕宝顶的高度。

〔顶径〕宝顶顶面直径。

〔底径〕宝顶底面直径。

（2）在对话框中输入相应的数值，勾选【宝顶】，点选【中点/基点】，命令行提示为：

请单击屋顶的中心点:选 A

单击屋顶与墙/柱相交的一角点: 选 B

此时返回对话框,单击【确定】,命令行提示:

请输入与墙体连接处标高.D-以三维面顶边定/ 当前值<3000>:3000

绘制结果如图 6-39 所示。

（3）保存图形

命令：SAVEAS✓　　（将绘制完成的图形以"攒尖屋顶图.dwg"为文件名保存在指定的路径中）

6.3.5　加老虎窗

加老虎窗命令在三维屋顶生成多种老虎窗形式,命令执行方式为:

命令行：JLHC

菜单：房间屋顶→加老虎窗

单击菜单后,命令行提示如下:

请选择屋顶<退出>:选择需要加老虎窗的坡屋面

显示【老虎窗设计】对话框如图 6-40 所示。

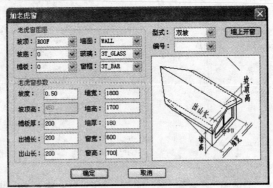

图 6-40　【老虎窗设计】对话框

在对话框中输入相应的数值,点选【确定】,命令行提示为:

老虎窗的插入位置或 [参考点(R)]<退出>:在坡屋面上单击插入店

讲解指导实例 6-15　加老虎窗

坡屋顶如图 6-41 所示。

加老虎窗如图 6-42 示。立体视图如图 6-43 所示。

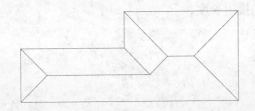

图 6-41　坡屋顶图

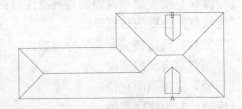

图 6-42　加老虎窗图

【实例步骤】

（1）选择坡屋顶如图 6-41 所示，单击【加老虎窗】命令，命令提示行如下：

请选择三维坡屋顶坡面<退出>:选 A 所在坡面

显示【老虎窗设计】对话框如图 6-40 所示，在相应框中输入数值，点选【确定】，命令行提示为：

老虎窗的插入位置或 [参考点(R)]<退出>:选 A

完成 A 处老虎窗插入。

（2）选择坡屋顶如图 6-42 所示，单击【加老虎窗】命令，命令提示行如下：

请选择三维坡屋顶坡面<退出>:选 B 所在坡面

是否为加亮的坡面?[是(Y)/否(N)]<Y>:y

显示【老虎窗设计】对话框如图 6-40 所示，在相应框中输入数值，点选【确定】，命令行提示为：

老虎窗的插入位置或 [参考点(R)]<退出>:选 B

完成 B 处老虎窗插入

命令执行完毕后如图 6-43 所示。

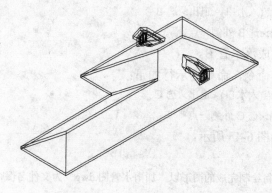

图 6-43 加老虎窗立体视图

（3）保存图形

命令：SAVEAS↙ （将绘制完成的图形以"加老虎窗图.dwg"为文件名保存在指定的路径中）

6.3.6 加雨水管

加雨水管命令在屋顶平面图中绘制雨水管，命令执行方式为：

命令行：JYSG

菜单：房间屋顶→加雨水管

单击菜单后，命令行提示如下：

请给出雨水管的起始点(入水口) <退出>:点选雨水管的起始点

结束点(出水口) <退出>:点选雨水管的结束点

实例 6-16   加雨水管

屋顶平面如图 6-44 所示。

加雨水管如图 6-45 所示。

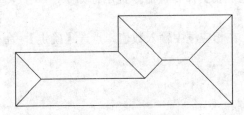 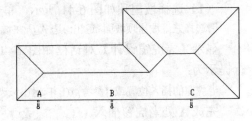

图 6-44　屋顶平面图　　　　　　　　　图 6-45　加雨水管图

【实例步骤】

（1）选择屋顶平面如图 6-44 所示，单击【加雨水管】命令，命令提示行如下：

请给出雨水管的起始点(入水口) <退出>:选 A

结束点(出水口) <退出>:选 A 外侧一点

命令执行完毕后生成落水管 A。

单击【加雨水管】命令，命令提示行如下：

请给出雨水管的起始点(入水口) <退出>:选 B

结束点(出水口) <退出>:选 B 外侧一点

命令执行完毕后生成落水管 B。

单击【加雨水管】命令，命令提示行如下：

请给出雨水管的起始点(入水口) <退出>:选 C

结束点(出水口) <退出>:选 C 外侧一点

命令执行完毕后如图 6-45 所示。

（2）保存图形

命令：SAVEAS✓　　（将绘制完成的图形以"加雨水管图.dwg"为文件名保存在指定的路径中）

楼梯及其他设施

内容简介

各种楼梯的创建：介绍直线梯段、圆弧梯段、任意梯段、添加扶
手、连接扶手、双跑楼梯、多跑楼梯、电梯等的生成。
其他设施：介绍阳台、台阶、坡道、散水的生成。

7.1　各种楼梯的创建

本节主要讲解普通楼梯的创建，插入多种形式的楼梯。

7.1.1　直线梯段

直线梯段命令在对话框中输入梯段参数绘制直线梯段，用来组合复杂楼梯，命令执行方
式为：

命令行：ZXTD

菜单：楼梯其他→直线梯段

单击菜单命令后，显示【直线梯段】对话框如图 7-1 所示。

图 7-1　【直线梯段】对话框

在对话框中输入相应的数值，点选【确定】，命令行提示为：

单击位置或 [转90度(A)/左右翻(S)/上下翻(D)/对齐(F)/改转角(R)/改基点(T)]<退出>:选取梯段插入位置

实例 7-1 　 直线梯段

楼梯间如图 7-2 所示。

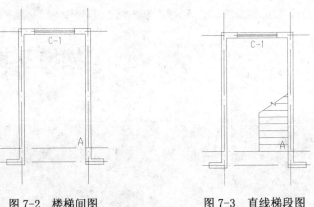

图 7-2　楼梯间图　　　　　　图 7-3　直线梯段图

生成直线梯段如图 7-3 所示。

【实例步骤】

（1）打开楼梯间如图 7-2 所示，单击【直线梯段】命令，显示【直线梯段】对话框如图 7-1 所示。

考虑到更好地运用对话框，对其中用到的控件说明如下：

〔梯段高度〕直段楼梯的高度，等于踏步高度的总和。

〔梯段宽<〕梯段宽度数值，点选该选项，可以在图中点选两点确定梯段宽。

〔梯段长度〕直段梯段的长度，等于平面投影的梯段长度。

〔踏步高度〕输入踏步高度数值。

〔踏步宽度〕输入踏步宽度数值。

〔踏步数目〕输入需要的踏步数值，也可通过右侧上下箭头进行数值的调整。

〔作为坡道〕选此项则踏步作为防滑条间距，楼梯段按坡道生成。

在本例中输入的数值见图 7-4 所示。

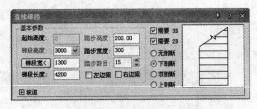

图 7-4　【直线梯段】对话框图

点选【确定】，命令行提示为：

单击位置或 [转90度(A)/左右翻(S)/上下翻(D)/对齐(F)/改转角(R)/改基点(T)]<退出>:T

输入插入点或 [参考点(R)]<退出>:选梯段的右小角点

单击位置或 [转 90 度(A)/左右翻(S)/上下翻(D)/对齐(F)/改转角(R)/改基点(T)]<退出>: 选 A

绘制结果如图 7-3 所示.

（2）保存图形

命令：SAVEAS✓　　（将绘制完成的图形以"直线梯段图.dwg"为文件名保存在指定的路径中）

7.1.2　圆弧梯段

圆弧梯段命令可在对话框中输入梯段参数，绘制弧形楼梯，用来组合复杂楼梯，命令执行方式为：

命令行：YHTD

菜单：楼梯其他→圆弧梯段

单击菜单命令后，显示【圆弧梯段】对话框如图 7-5 所示

图 7-5　【圆弧梯段】对话框

在对话框中输入相应的数值，点选【确定】，命令行提示为：

单击位置或 [转 90º(A)/左右翻(S)/上下翻(D)/对齐(F)/改转角(R)/改基点(T)]<退出>:单击梯段的插入位置

实例 7-2　圆弧梯段

墙体如图 7-6 所示。

圆弧梯段如图 7-7 所示。

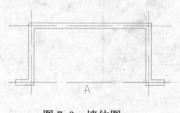

图 7-6　墙体图

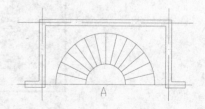

图 7-7　圆弧梯段图

【实例步骤】

（1）打开墙体图 7-6 所示，单击【圆弧梯段】命令，显示【圆弧梯段】对话框如图 7-5 所示。

考虑到更好地运用对话框，对其中用到的控件说明如下：

〔内圆半径〕圆弧梯段的内圆半径。

〔外园半径〕圆弧梯段的外圆半径。

〔起始角〕定位圆弧梯段的起始角度位置。

〔圆心角〕圆弧梯段的角度。

〔梯段高度〕圆弧梯段的高度，等于踏步高度的总和。

〔梯段宽度〕圆弧梯段的宽度。

〔踏步高度〕输入踏步高度数值。

〔踏步数目〕输入需要的踏步数值，也可通过右侧上下箭头进行数值的调整。

〔作为坡道〕选此项则踏步作为防滑条间距，楼梯段按坡道生成。

在本例中输入的数值见图7-5所示。

在对话框中输入相应的数值，点选【确定】，命令行提示为：

单击位置或 [转90°(A)/左右翻(S)/上下翻(D)/对齐(F)/改转角(R)/改基点(T)]<退出>:选 A

绘制结果如图7-7所示。

（2）保存图形

命令：SAVEAS↙ （将绘制完成的图形以"圆弧梯段图.dwg"为文件名保存在指定的路径中）

7.1.3 任意梯段

任意梯段命令可以图中直线或圆弧作为梯段边线输入踏步参数绘制楼梯，命令执行方式为：

命令行：RYTD

菜单：楼梯其他→任意梯段

单击菜单命令后，命令行提示：

请单击梯段左侧边线(LINE/ARC):选一侧边线

请单击梯段右侧边线(LINE/ARC):选另一侧边线

显示【任意梯段】对话框如图7-8所示。

图7-8 【任意梯段】对话框

在对话框中输入相应的数值，点选【确定】，完成操作。

实例7-3 任意梯段

边线如图7-9所示。

任意梯段如图7-10所示。

【实例步骤】

1. 打开边线如图7-9所示，单击【任意梯段】命令，命令行提示：

请单击梯段左侧边线(LINE/ARC):选 A

请单击梯段右侧边线(LINE/ARC): 选 B

显示【任意梯段】对话框如图 7-8 所示，在对话框中输入相应的数值，点选【确定】，绘制结果如图 7-10 所示。任意梯段的三维显示如图 7-11 所示。

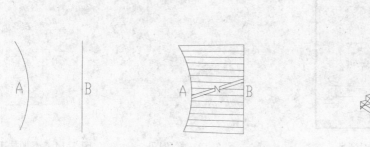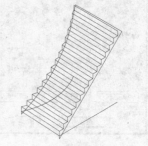

图 7-9　边线图　　　　　图 7-10　任意梯段图　　　　图 7-11　任意梯段的三维显示

（2）保存图形

命令：SAVEAS✓　　（将绘制完成的图形以"任意梯段图.dwg"为文件名保存在指定的路径中）

7.1.4　添加扶手

添加扶手命令沿楼梯或 PLINE 路径生成扶手，命令执行方式为：

命令行：TJFS

菜单：楼梯其他→添加扶手

单击菜单命令后，命令行提示：

请选择梯段或作为路径的曲线(线/弧/圆/多段线):选取梯段线

是否为该对象?[是(Y)/否(N)]<Y>:确认对象

扶手宽度<60>:输入扶手宽度

扶手顶面高度<900>:输入扶手顶面高度

扶手距边<0>:输入扶手距离梯段边距离

双击创建的扶手，可以进入对象编辑状态，如图 7-12 所示。

在对话框中输入相应的数值，对扶手进行修改后点选【确定】，完成操作。

实例 7-4　添加扶手

梯段如图 7-13 所示。

添加扶手如图 7-14 所示。

【实例步骤】

（1）打开边线如图 7-13 所示，单击【添加扶手】命令，命令行提示：

请选择梯段或作为路径的曲线(线/弧/圆/多段线): 选 A

是否为该对象?[是(Y)/否(N)]<Y>: Y

扶手宽度<60>:60

扶手顶面高度<900>:900

扶手距边<0>:0

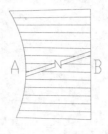

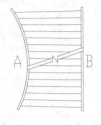

图 7-12 【扶手】对话框   图 7-13 梯段图   图 7-14 添加扶手图

（2）单击【添加扶手】命令，命令行提示：

请选择梯段或作为路径的曲线(线/弧/圆/多段线): 选 B

是否为该对象?[是(Y)/否(N)]<Y>: Y

扶手宽度<60>:60

扶手顶面高度<900>:900

扶手距边<0>:0

绘制结果如图 7-14 所示。添加扶手的三维显示如图 7-15 所示。

图 7-15 扶手的三维显示

（3）保存图形

命令：SAVEAS✓   （将绘制完成的图形以"添加扶手图.dwg"为文件名保存在指定的路径中）

7.1.5 连接扶手

连接扶手命令把两段扶手连成一段，命令执行方式为：

命令行：LJFS

菜单：楼梯其他→连接扶手

单击菜单命令后，命令行提示为：

选择待连接的扶手(注意与顶点顺序一致): 选择第一段扶手

选择待连接的扶手(注意与顶点顺序一致): 选择另一段扶手

选择待连接的扶手(注意与顶点顺序一致):

回车后两段扶手连接起来。

实例 7-5 连接扶手

梯段如图 7-16 所示。

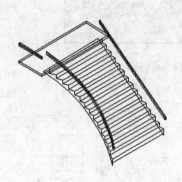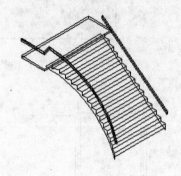

图 7-16　梯段图　　　　　　　　　　图 7-17　连接扶手图

连接扶手如图 7-17 所示。

【实例步骤】

（1）打开梯段如图 7-16 所示，单击【连接扶手】命令，命令行提示：

选择待连接的扶手(注意与顶点顺序一致): 选择第一段扶手

选择待连接的扶手(注意与顶点顺序一致): 选择另一段扶手

选择待连接的扶手(注意与顶点顺序一致):

绘制结果如图 7-17 所示。

（2）保存图形

命令：SAVEAS↙　　（将绘制完成的图形以"连接扶手图.dwg"为文件名保存在指定的路径中）

7.1.6　双跑楼梯

双跑楼梯命令是在对话框中输入梯间参数，直接绘制双跑楼梯，命令执行方式为：

命令行：SPLT

菜单：楼梯其他→双跑楼梯

单击菜单命令后，显示【双跑楼梯】对话框如图 7-18 所示。

在对话框中输入相应的数值，点选【确定】，命令行提示：

单击位置或 [转 90 度(A)/左右翻(S)/上下翻(D)/对齐(F)/改转角(R)/改基点(T)]<退出>:点选插入位置完成操作

实例 7-6 双跑楼梯

楼梯间如图 7-19 所示。

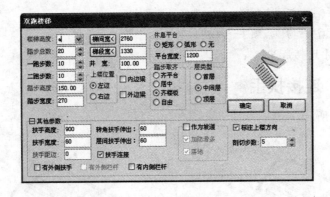

图 7-18 【双跑楼梯】对话框

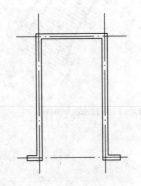

图 7-19 楼梯间图

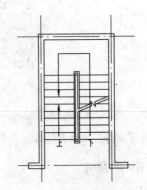

图 7-20 任意梯段图

双跑楼梯如图 7-20 所示。

【实例步骤】

（1）打开楼梯间如图 7-19 所示，单击【双跑楼梯】命令，显示【双跑楼梯】对话框如图 7-18 所示。

在对话框中输入相应的数值，点选【确定】，命令行提示：

单击位置或 [转 90 度(A)/左右翻(S)/上下翻(D)/对齐(F)/改转角(R)/改基点(T)]<退出>:点选房间左上内角点

绘制结果如图 7-20 所示。双跑楼梯的三维显示如图 7-21 所示。

图 7-21 双跑楼梯的三维显示

（2）保存图形

命令：SAVEAS↙　（将绘制完成的图形以"双跑楼梯图.dwg"为文件名保存在指定的路径中）

7.1.7　多跑楼梯

多跑楼梯命令是在输入关键点建立多跑（转角，直跑等）楼梯，命令执行方式为：

命令行：DPLT

菜单：楼梯其他→多跑楼梯

单击菜单命令后，显示【多跑楼梯】对话框如图7-22所示。

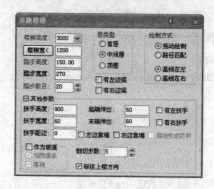

图7-22　【多跑楼梯】对话框

在对话框中输入相应的数值，点选【确定】，命令行提示：

起点<退出>:选梯段起点

输入新梯段的终点<退出>:选新梯段的终点

输入新休息平台的终点或 [撤消上一梯段(U)]<退出>:选休息平台终点

输入新梯段的终点或 [撤消上一平台(U)]<退出>:选新增梯段的终点

……

直到回车完成操作。

实例7-7　多跑楼梯

楼梯间如图7-23所示。

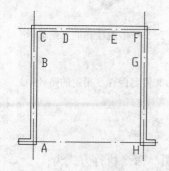

图7-23　楼梯间图

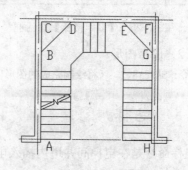

图7-24　多跑楼梯图

多跑楼梯如图 7-24 所示。

【实例步骤】

（1）打开楼梯间如图 7-23 所示，单击【多跑楼梯】命令，显示对话框如图 7-22 所示。考虑到更好地运用对话框，对其中用到的控件说明如下：

〔楼梯高度〕等于所有踏步高度的总和，改变楼梯高度会改变踏步数量，同时可能微调踏步高度。

〔踏步高度〕输入一个大致的近视高度，系统将自动设置正确值，改变踏步高度反向改变踏步数目。

〔踏步数目〕改变踏步数将反向改变踏步高度。

在对话框中输入相应的数值，如图如图 7-25 所示。

点选【确定】，命令行提示：

单击位置或 [转 90º(A)/左右翻(S)/上下翻(D)/对齐(F)/改转角(R)/改基点(T)]<退出>:点选房间左上内角点

起点<退出>:选 A

输入新梯段的终点<退出>:选 B

输入新休息平台的终点或 [撤消上一梯段(U)]<退出>:选 D

输入新梯段的终点或 [撤消上一平台(U)]<退出>:选 E

输入新休息平台的终点或 [撤消上一梯段(U)]<退出>:选 G

输入新梯段的终点或 [撤消上一平台(U)]<退出>:选 H

绘制结果如图 7-24 所示。多跑楼梯的三维显示如图 7-26 所示。

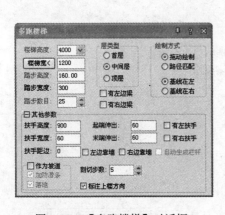

图 7-25　【多跑楼梯】对话框

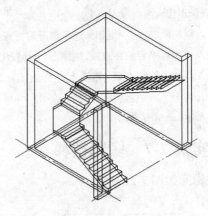

图 7-26　多跑楼梯的三维显示

（2）保存图形

命令: SAVEAS✓　（将绘制完成的图形以"多跑楼梯图.dwg"为文件名保存在指定的路径中）

7.1.8　电梯

电梯命令是在电梯间井道内插入电梯门，绘制电梯简图，命令执行方式为：

命令行：DT

菜单：楼梯其他→电梯

单击菜单命令后,显示【电梯】对话框如图 7-27 所示。

在对话框中输入相应的数值,在绘图区单击,命令行提示:

请给出电梯间的一个角点或 [参考点(R)]<退出>:点选电梯间一个角点

再给出上一角点的对角点:点选电梯间相对的角点

请单击开电梯门的墙线<退出>:选取开门的墙线,可多选

请单击平衡块的所在的一侧<退出>:选取平衡块所在位置

请单击其他开电梯门的墙线<无>:

请给出电梯间的一个角点或 [参考点(R)]<退出>:

实例 7-8   电梯

电梯间如图 7-28 所示。

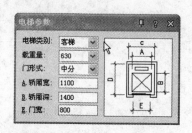

图 7-27   【电梯参数】对话框

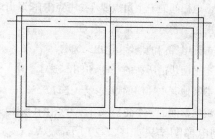

图 7-28   电梯间图

电梯如图 7-29 所示。

【实例步骤】

(1)打开电梯间如图 7-28 所示,单击【电梯】命令,显示对话框如图 7-27 所示

考虑到更好地运用对话框,对其中用到的控件说明如下:

〔电梯类别〕分为客梯、住宅梯、医院梯、货梯 4 种类型,每种电梯有不同的设计参数。

〔载重量〕单击右侧下拉菜单,选择载重量。

〔门形式〕分为中分和旁分。

〔A.轿厢宽〕输入轿厢的宽度。

〔B.轿厢深〕输入轿厢的进深。

〔E.门宽〕输入电梯的门宽。

(2)在对话框中输入相应的数值,如图如图 7-27 所示。在绘图区域单击,命令行提示如下:

请给出电梯间的一个角点或 [参考点(R)]<退出>:选 A

再给出上一角点的对角点: 选 B

请单击开电梯门的墙线<退出>:选 C

请单击平衡块的所在的一侧<退出>:选 E

请单击其他开电梯门的墙线<无>:选 D

请给出电梯间的一个角点或 [参考点(R)]<退出>:

(3)单击【电梯】命令,在对话框中选择需要的数值,显示对话框如图 7-30 所示。

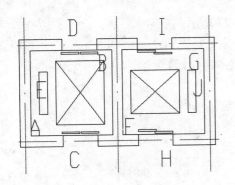

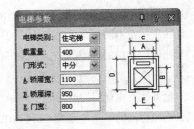

图 7-29　电梯图　　　　　　　　　　图 7-30　【电梯参数】对话框

在绘图区域单击，命令行提示如下：

请给出电梯间的一个角点或 [参考点(R)]<退出>:选 F

再给出上一角点的对角点: 选 G

请单击开电梯门的墙线<退出>:选 H

请单击平衡块的所在的一侧<退出>:选 J

请单击其他开电梯门的墙线<无>:选 I

请给出电梯间的一个角点或 [参考点(R)]<退出>:

绘制电梯图结果如图 7-29 所示。

（4）保存图形

命令: SAVEAS↙　　（将绘制完成的图形以"电梯图.dwg"为文件名保存在指定的路径中）

7.1.9　自动扶梯

自动扶梯命令可以在对话框中输入梯段参数，绘制单台或双台自动扶梯，命令执行方式为：

命令行：ZDFT

菜单：楼梯其他→自动扶梯

单击菜单命令后，显示【自动扶梯参数】对话框如图 7-31 所示

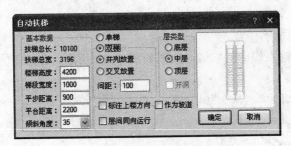

图 7-31　【自动扶梯参数】对话框

在对话框中输入相应的数值，点选【确定】，命令行提示为：

请给出自动扶梯的插入点 <退出>:点选插入点

实例 7-9　自动扶梯

单台自动扶梯如图 7-32 所示。

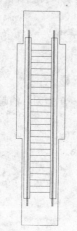

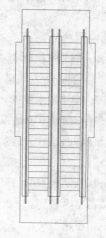

图 7-32　单台自动扶梯图　　　图 7-33　双台自动扶梯图

双台自动扶梯如图 7-33 所示。

【实例步骤】

（1）单击菜单命令【自动扶梯】后，显示【自动扶梯参数】对话框如图 7-33 所示。考虑到更好地运用对话框，对其中用到的控件说明如下：

〔倾斜角〕右侧下拉菜单选择。

〔楼层高度〕右侧输入需要的楼层高度。

〔梯级宽度〕右侧输入需要的楼梯宽度。

〔转角〕右侧输入确定转角数据。

〔偏移〕右侧输入基点偏移数值。

（2）在对话框中输入相应的数值，勾选【单排】，命令行提示为：

请给出自动扶梯的插入点 <退出>:点选插入点

绘制结果如图 7-32 所示

单击菜单命令【自动扶梯】后显示对话框，勾选【双排】，单击【确定】，命令行提示：

请给出自动扶梯的插入点 <退出>:点选插入点

绘制结果如图 7-33 所示。

（3）保存图形

命令：SAVEAS↙　　（将绘制完成的图形以"自动扶梯图.dwg"为文件名保存在指定的路径中）

7.2　其他设施

本节主要讲解基于墙体创建包括阳台、台阶、坡道和散水等设施。

7.2.1　阳台

阳台命令可以直接绘制阳台或把预先绘制好的 PLINE 线转成阳台，命令执行方式为：

命令行：YT

菜单：楼梯其他→阳台

单击菜单命令后，有两种执行方式：

（1）直接绘制：沿着阳台边界进行绘制。命令提示行显示：

阳台轮廓线的起点或 [单击图中曲线(P)/单击参考点(R)]<退出>:单击阳台的起点

直段下一点或 [弧段(A)/回退(U)]<结束>:点阳台的角点

直段下一点或 [弧段(A)/回退(U)]<结束>:点阳台的下一角点

○○○○○○○

直段下一点或 [弧段(A)/回退(U)]<结束>:

请选择邻接的墙(或门窗)和柱:选取与阳台相连的墙体或门窗

请选择邻接的墙(或门窗)和柱:

（2）利用已有的 PLINE 线绘制：用于自定义的特殊形式阳台。命令提示行显示：

阳台轮廓线的起点或 [单击图中曲线(P)/单击参考点(R)]<退出>:P

选择一曲线(LINE/ARC/PLINE):选择已有的曲线

请选择邻接的墙(或门窗)和柱: 选取与阳台相连的墙体或门窗

请选择邻接的墙(或门窗)和柱: 选取与阳台相连的墙体或门窗

请选择邻接的墙(或门窗)和柱:

两种方式执行都显示【阳台】对话框如图 7-34 所示。

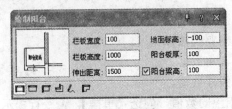

图 7-34　【阳台】对话框

在对话框中输入相应的数值，点选【确定】生成阳台。

实例 7-10　阳台

阳台如图 7-35 所示。

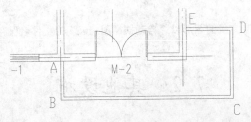

图 7-35　阳台图

【实例步骤】

（1）打开房间图，单击【阳台】，命令行提示为：

阳台轮廓线的起点或 [单击图中曲线(P)/单击参考点(R)]<退出>:选 A

直段下一点或 [弧段(A)/回退(U)]<结束>:选 B

直段下一点或 [弧段(A)/回退(U)]<结束>:选 C

直段下一点或 [弧段(A)/回退(U)]<结束>:选 D

直段下一点或 [弧段(A)/回退(U)]<结束>:选 E

直段下一点或 [弧段(A)/回退(U)]<结束>:

请选择邻接的墙(或门窗)和柱:选墙体

请选择邻接的墙(或门窗)和柱:选墙体

请选择邻接的墙(或门窗)和柱:

显示【阳台】对话框如图 7-34 所示。

在对话框中输入相应的数值，点选【确定】生成阳台。

绘制结果如图 7-35 所示。

（2）保存图形

命令：SAVEAS✓　　（将绘制完成的图形以"阳台图.dwg"为文件名保存在指定的路径中）

7.2.2　台阶

台阶命令可以直接绘制台阶或把预先绘制好的 PLINE 线转成台阶，命令执行方式为：

命令行：TJ

菜单：楼梯其他→台阶

单击菜单命令后，有两种执行方式：

（1）直接绘制：沿着台阶第一个踏步作为平台，生成台阶，命令提示行显示：

台阶平台轮廓线的起点或 [单击图中曲线(P)/单击参考点(R)]<退出>:单击台阶平台的起点

直段下一点或 [弧段(A)/回退(U)]<结束>:点台阶平台的角点

直段下一点或 [弧段(A)/回退(U)]<结束>:点台阶平台的下一角点

○○○○○○

直段下一点或 [弧段(A)/回退(U)]<结束>:

请选择邻接的墙(或门窗)和柱: 选取与台阶平台相连的墙体或门窗

请选择邻接的墙(或门窗)和柱:

请单击没有踏步的边:自定义虚线显示该边，可选其他没有踏步的边

（2）利用已有的 PLINE 线绘制：用于自定义的特殊形式。命令提示行显示：

台阶平台轮廓线的起点或 [单击图中曲线(P)/单击参考点(R)]<退出>:p

选择一曲线(LINE/ARC/PLINE):选择已有的曲线

请选择邻接的墙(或门窗)和柱: 选取与台阶平台相连的墙体或门窗

请选择邻接的墙(或门窗)和柱: 选取与台阶平台相连的墙体或门窗

请选择邻接的墙(或门窗)和柱:

请单击没有踏步的边: 自定义虚线显示该边,可选其他没有踏步的边
两种方式执行都显示【台阶】对话框如图 7-36 所示。

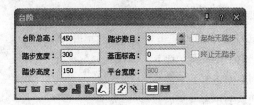

图 7-36 【台阶】对话框

在对话框中输入相应的数值,点选【确定】生成台阶。

实例 7-11 台阶

台阶如图 7-37 所示。

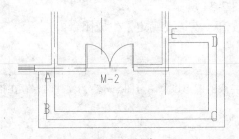

图 7-37 台阶图

【实例步骤】

(1)打开房间图,单击【台阶】,命令行提示为:

台阶平台轮廓线的起点或 [单击图中曲线(P)/单击参考点(R)]<退出>:选 A

直段下一点或 [弧段(A)/回退(U)]<结束>:选 B

直段下一点或 [弧段(A)/回退(U)]<结束>:选 C

直段下一点或 [弧段(A)/回退(U)]<结束>:选 D

直段下一点或 [弧段(A)/回退(U)]<结束>:选 E

直段下一点或 [弧段(A)/回退(U)]<结束>:

请选择邻接的墙(或门窗)和柱: 选墙体

请选择邻接的墙(或门窗)和柱: 选墙体

请选择邻接的墙(或门窗)和柱:

请单击没有踏步的边:

直段下一点或 [弧段(A)/回退(U)]<结束>:选 B

直段下一点或 [弧段(A)/回退(U)]<结束>:选 C

直段下一点或 [弧段(A)/回退(U)]<结束>:选 D

直段下一点或 [弧段(A)/回退(U)]<结束>:选 E

直段下一点或 [弧段(A)/回退(U)]<结束>:

请选择邻接的墙(或门窗)和柱:选墙体

请选择邻接的墙(或门窗)和柱:选墙体

请选择邻接的墙(或门窗)和柱: 自定义虚线显示该边, 可选其他没有踏步的边, 本例直接回车

显示【台阶】对话框如图 7-36 所示。

在对话框中输入相应的数值, 点选【确定】生成台阶。

绘制结果如图 7-37 所示。

（2）保存图形

命令: SAVEAS✓ （将绘制完成的图形以"台阶图.dwg"为文件名保存在指定的路径中）

7.2.3 坡道

坡道命令可通过对话框参数构造室外坡道, 命令执行方式为:

命令行: PD

菜单: 楼梯其他→坡道

单击菜单命令后, 显示【坡道】对话框如图 7-38 所示

在对话框中输入相应的数值, 点选【确定】, 命令行提示为:

单击位置或 [转 90° (A)/左右翻(S)/上下翻(D)/对齐(F)/改转角(R)/改基点(T)]<退出>:单击坡道的插入位置

实例 7-12 坡道

坡道如图 7-39 所示。

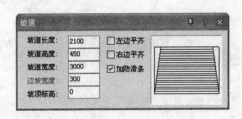

图 7-38 【坡道】对话框

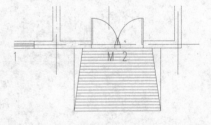

图 7-39 坡道图

【实例步骤】

（1）打开房间图, 单击【坡道】, 显示【坡道】对话框如图 7-38 所示

考虑到更好地运用对话框, 对其中用到的控件说明如下:

〔边坡宽度〕可以为负值, 表示矩形主坡, 两侧边坡。

在本例中输入的数值见图 7-38 所示。在对话框中输入相应的数值, 点选【确定】, 命令行提示为:

单击位置或 [转 90 度(A)/左右翻(S)/上下翻(D)/对齐(F)/改转角(R)/改基点(T)]<退出>:选 A

绘制结果如图 7-39 所示。

（2）保存图形

命令: SAVEAS✓ （将绘制完成的图形以"坡道图.dwg"为文件名保存在指定的路径中）

7.2.4 散水

散水命令可通过自动搜索外墙线，绘制散水，命令执行方式为：

命令行：SS

菜单：楼梯其他→散水

单击菜单命令后，显示【散水】对话框如图 7-40 所示

图 7-40 【散水】对话框

在对话框中输入相应的数值，点选【确定】，命令行提示为：

请选择构成一完整建筑物的所有墙体(或门窗):框选所有的建筑物生成相应的散水

实例 7-13 散水

散水如图 7-41 所示。

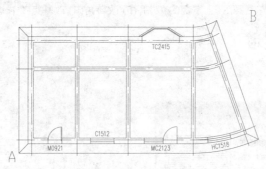

图 7-41 散水图

【实例步骤】

（1）打开建筑物图，单击【散水】，显示对话框如图 7-40 所示

考虑到更好地运用对话框，对其中用到的控件说明如下：

〔室内外高差〕输入室内外高差。

〔偏移外墙皮〕输入外墙勒角对外墙皮的偏移数值。

〔散水宽度〕输入需要的散水宽度。

〔创建高差平台〕选择此项后，在各房间创建零标高地面。

在本例中输入的数值见图 7-40 所示。在对话框中输入相应的数值，点选【确定】，命令行提示为：

请选择构成一完整建筑物的所有墙体(或门窗):框选 A→B

绘制结果如图 7-41 所示。

（2）保存图形

命令：SAVEAS✓ （将绘制完成的图形以"散水图.dwg"为文件名保存在指定的路径中）

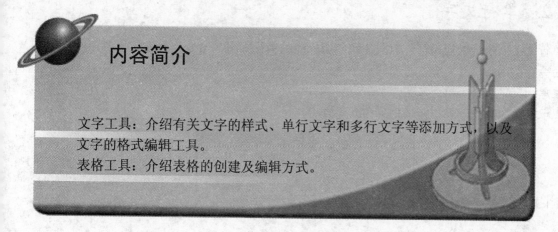

8

CHAPTER

文字表格

内容简介

文字工具：介绍有关文字的样式、单行文字和多行文字等添加方式，以及文字的格式编辑工具。

表格工具：介绍表格的创建及编辑方式。

8.1 文字工具

文字是建筑绘图中的重要组成部分，所有的设计说明、符号标注和尺寸标注等都需要文字去表达。本节主要讲解文字输入和编辑的方式。

8.1.1 文字样式

文字样式命令可以创建或修改命名天正扩展文字样式并设置图形中的当前文字样式，命令执行方式为：

命令行：**WZYS**

菜单：文字表格→文字样式

点取菜单命令后，显示对话框如图 8-1 所示。

考虑到更好地运用对话框，对其中用到的控件说明如下：

〔样式名〕单击下拉菜单选择。

〔新建〕新建文字样式，单击后首先命名新文字样式，然后选定相应的字体和参数。

〔重命名〕给文字样式重新命名。

在下侧中文参数和西文参数中选择合适的字体类型，同时可以通过预览功能显示。

具体文字样式应根据相关规定执行，在此不做示例。

图 8-1　【文字样式】对话框

8.1.2　单行文字

单行文字命令可以创建符合中国建筑制图标注的单行文字，命令执行方式为：

命令行：**DHWZ**

菜单：文字表格→单行文字

点取菜单命令后，显示对话框如图 8-2 所示。

图 8-2　【单行文字】对话框

考虑到更好地运用对话框，对其中用到的控件说明如下：

〔文字输入区〕输入需要的文字内容。

〔文字样式〕右击下拉菜单选择文字样式。

〔对齐方式〕右击下拉菜单选择文字对齐方式。

〔转角<〕输入文字的转角。

〔字高>〕输入文字的高度。

〔背景屏蔽〕选择后文字屏蔽背景。

〔连续标注〕选择后单行文字可以连续标注。

〔下标〕选定需要变为下标的文字，然后单击下标。

〔上标〕选定需要变为上标的文字，然后单击上标。

其他特殊符号见相应的操作提示即可。

实例 8-1　单行文字

生成的单行文字如图 8-3 所示。

A ①～②轴间建筑面积100m²，用的钢筋为Φ。

图 8-3　单行文字图

【实例步骤】

（1）打开需要标注图，单击【单行文字】，显示对话框如图 8-2 所示。

（2）先在在【文字输入区】中清空，然后"输入 1～2 轴间建筑面积 100m2，用的钢筋为"，然后选中 1，点选圆圈文字；选中 2，点选圆圈文字；选中 m 后面的 2，点选上标；在最后选取适合的钢筋标号。此时对话框如图 8-4 所示。

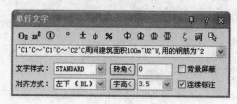

图 8-4　【单行文字】对话框

在绘图区中单击，命令行显示：

请点取插入位置<退出>:选 A。

请点取插入位置<退出>:

绘制结果如图 8-3 所示。

（3）保存图形

命令：SAVEAS✓　（将绘制完成的图形以"单行文字图.dwg"为文件名保存在指定的路径中）

8.1.3　多行文字

多行文字命令可以创建符合中国建筑制图标注的整段文字，命令执行方式为：

菜单：文字表格→多行文字

点取菜单命令后，显示对话框如图 8-5 所示。

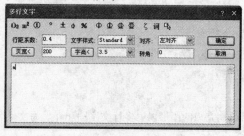

图 8-5　【多行文字】对话框

考虑到更好地运用对话框，对其中用到的控件说明如下：

〔行距系数〕表示行间的净距，单位是文字高度。

〔文字样式〕右击下拉菜单选择文字样式。

〔对齐方式〕右击下拉菜单选择文字对齐方式。

〔页宽<〕输入文字的限制宽度。

〔字高<〕输入文字的高度。

〔转角〕输入文字的旋转角度。

〔文字输入区〕在其中输入多行文字。

〔下标〕选定需要变为下标的文字，然后单击下标。

〔上标〕选定需要变为上标的文字，然后单击上标。

其他特殊符号见相应的操作提示即可。

实例 8-2　多行文字

生成的多行文字如图 8-6 所示。

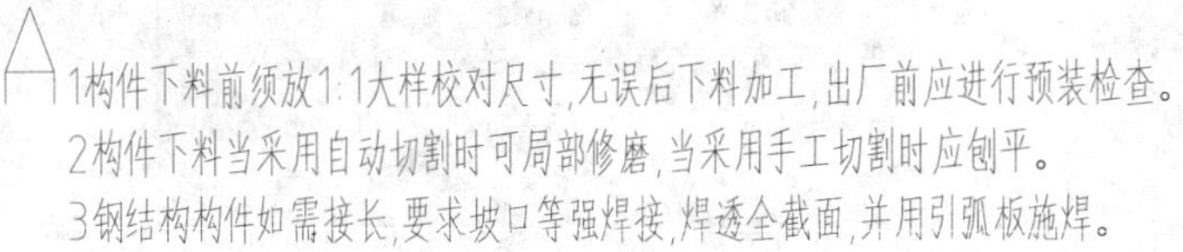

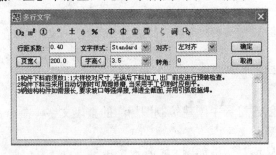

图 8-6　多行文字图

【实例步骤】

（1）打开需要标注图，单击【多行文字】，显示对话框如图 8-6 所示。

（2）先在【文字输入区】中清空，此时对话框如图 8-7 所示。

图 8-7　【多行文字】对话框

在绘图区中单击，命令行显示：

左上角或 [参考点(R)]<退出>:选 A

绘制结果如图 8-6 所示.

（3）保存图形

命令：SAVEAS✓　（将绘制完成的图形以"多行文字图.dwg"为文件名保存在指定的路径中）

8.1.4　曲线文字

曲线文字命令可以直接按弧线方向书写中英文字符串，或者在已有的多段线上布置中英文字符串，可将图中的文字改排成曲线，命令执行方式为：

命令行：QXWZ

菜单：文字表格→曲线文字

点取菜单命令后，命令行显示如下：

A-直接写弧线文字/P-按已有曲线布置文字<A>:

（1）直接写弧线文字。输入 A，则直接写出按弧形布置的文字，命令行显示如下：

请输入弧线文字圆心位置<退出>:选圆心点

请输入弧线文字中心位置<退出>:选字串插入中心

输入文字:输入文字内容

请输入模型空间字高 <500>:输入字高

文字面向圆心排列吗(Yes/No) <Yes>?输入 Y 生成按圆弧排列的曲线文字，输入 N 使背向圆心方向文字生成

（2）按已有曲线布置文字。输入 P，按已有的多段线上布置文字和字符，命令行显示如下：

请选取文字的基线 <退出>:选择曲线

输入文字: 输入文字内容

请键入模型空间字高 <500>:输入字高

系统将文字等距写在曲线上。

实例 8-3　曲线文字

生成的曲线文字如图 8-8 所示。

图 8-8　曲线文字图

【实例步骤】

（1）打开需要标注文字图，单击【曲线文字】，命令行显示如下：

A-直接写弧线文字/P-按已有曲线布置文字<A>：P

请选取文字的基线 <退出>:选择曲线

输入文字: ASDFASDFASDFASD

请键入模型空间字高 <500>:500

绘制结果如图 8-8 所示。

（2）保存图形

命令: SAVEAS✓　（将绘制完成的图形以"曲线文字图.dwg"为文件名保存在指定的路径中）

8.1.5　专业词库

专业词库命令可以输入或维护专业词库中的内容，由用户扩充的专业词库，提供一些常用的建筑专业词汇随时插入图中，词库还可在各种符号标注命令中调用，其中作法标注命令可调用其中北方地区常用的 88J1-X12000 版工程作法的主要内容，命令执行方式为：

命令行：ZYCK

菜单：文字表格→专业词库

点取菜单命令后，显示对话框如图 8-9 所示。

专业词库
A B C D E F G H J K L M N O P Q R S T W X Y Z
最近使用的词
做法说明
卫生洁具
图形名称
图纸目录
室内设施
室外设施
建筑材料
房间名称
构件名称
构筑物
标注词汇
电气设备
玻璃幕墙
门头
门套
窗套
地板
地沟
地面
地坪
地梁
吊顶
防火墙
防火卷帘
钢窗
钢门
木窗
实木门
文字参数
对齐：
左下(BL)
字高：
3.5
样式：
STANDARD
导入文件
输出文件
文字替换<
拾取文字<
入库
顶棚

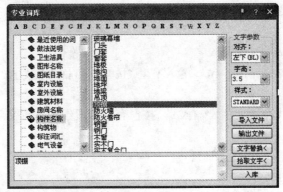

图 8-9 【专业词库】对话框

考虑到更好地运用对话框，对其中用到的控件说明如下：

〔词汇分类〕在词库中按不同专业分类。

〔词汇列表〕按专业词汇列表。

〔导入文件〕把文本文件中按行作为词汇，导入当前目录中。

〔输出文件〕把当前类别中所有的词汇输出到一个文本文件中去。

〔文字替换〕选择好目标文字，然后单击文字替换按钮，输入要替换成的目标文字。

〔拾取文字〕把图上的文字拾取到编辑框中进行修改或替换。

〔入库〕把编辑框内的文字添加到当前词汇列表中。

在编辑框内输入需要的文字内容后单击绘图区域，命令行显示如下：

请指定文字的插入点<退出>:将文字内容插入需要位置。

实例 8-4 专业词库

生成的专业词库内容如图 8-10 所示。

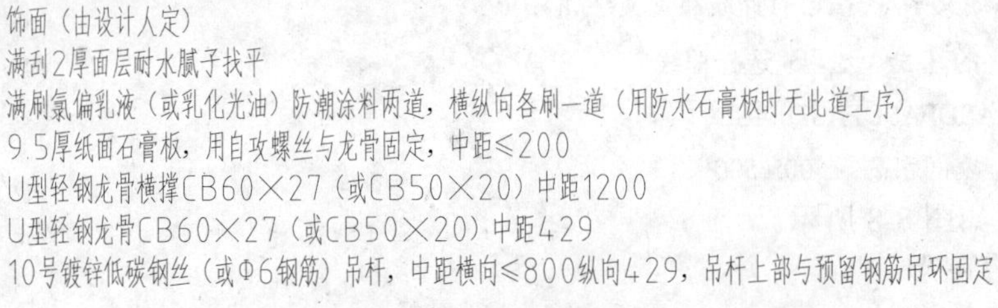

饰面（由设计人定）
满刮2厚面层耐水腻子找平
满刷氯偏乳液（或乳化光油）防潮涂料两道，横纵向各刷一道（用防水石膏板时无此道工序）
9.5厚纸面石膏板，用自攻螺丝与龙骨固定，中距≤200
U型轻钢龙骨横撑CB60×27（或CB50×20）中距1200
U型轻钢龙骨CB60×27（或CB50×20）中距429
10号镀锌低碳钢丝（或Φ6钢筋）吊杆，中距横向≤800纵向429，吊杆上部与预留钢筋吊环固定

图 8-10 专业词库图

【实例步骤】

（1）打开需要标注文字图，单击【专业词库】，显示对话框如图 8-9 所示。单击顶棚屋面做法，右侧选择纸面石膏板吊顶 1，在编辑框内显示要输入的文字，如图 8-11 所示。

单击绘图区域，命令行显示如下：

请指定文字的插入点<退出>:将文字内容插入需要位置。

绘制结果如图 8-10 所示。

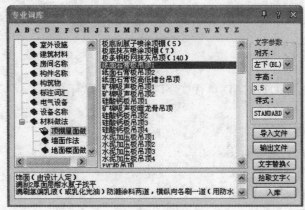

图 8-11 【专业词库】对话框

（2）保存图形

命令：SAVEAS✓　（将绘制完成的图形以"专业词库图.dwg"为文件名保存在指定的路径中）

8.1.6 转角自纠

转角自纠命令把不符合建筑制图标准的文字予以纠正，命令执行方式为：

命令行：ZJZJ

菜单：文字表格→转角自纠

点取菜单命令后，命令行提示为：

请选择天正文字: 选择需要调整的文字即可

实例 8-5 转角自纠

原先文字如图 8-12 所示。

转角自纠文字如图 8-13 所示。

图 8-12 文字图

图 8-13 转角自纠图

【实例步骤】

（1）打开文字图 8-12，单击【转角自纠】，命令行提示为：

请选择天正文字:选字体

请选择天正文字:选字体

请选择天正文字:选字体

绘制结果如图 8-13 所示。

（2）保存图形

命令：SAVEAS✓　　（将绘制完成的图形以"转角自纠图.dwg"为文件名保存在指定的路径中）

8.1.7　文字转化

文字转化命令把 AUTOCAD 单行文字转化为天正单行文字，命令执行方式为：

命令行：**WZZH**

菜单：文字表格→文字转化

点取菜单命令后，命令行提示为：

请选择 ACAD 单行文字: 选择文字

请选择 ACAD 单行文字: 选择文字

请选择 ACAD 单行文字: ......

请选择 ACAD 单行文字:

生成符合要求的天正文字。

8.1.8　文字合并

文字合并命令把天正单行文字的段落合成一个天正多行文字，命令执行方式为：

命令行：**WZHB**

菜单：文字表格→文字合并

点取菜单命令后，命令行提示为：

请选择要合并的文字段落<退出>:框选天正单行文字的段落

请选择要合并的文字段落<退出>:

[合并为单行文字(D)]<合并为多行文字>:默认合并为多行文字，选 D 为合并为单行文字

移动到目标位置<替换原文字>:选取文字移动到的位置

生成符合要求的天正多行文字。

实例 8-6　文字合并

原先文字如图 8-14 所示。

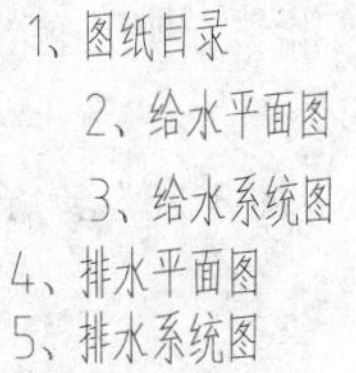

1、图纸目录
　2、给水平面图
　3、给水系统图
4、排水平面图
5、排水系统图

1、图纸目录
　2、给水平面图
　3、给水系统图
4、排水平面图
5、排水系统图

图 8-14　文字图 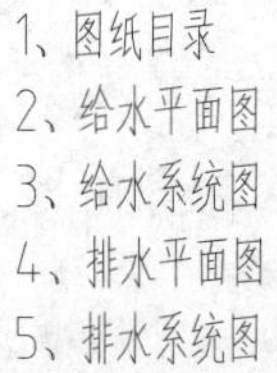　　　　　　　　　　图 8-15　文字合并图

文字合并如图 8-15 所示。

【实例步骤】

（1）打开文字图 8-14，单击【文字合并】，命令行提示为：

请选择要合并的文字段落<退出>:框选天正单行文字的段落

请选择要合并的文字段落<退出>:

[合并为单行文字(D)]<合并为多行文字>:

移动到目标位置<替换原文字>:选取文字移动到的位置

　绘制结果如图 8-15 所示。

　（2）保存图形

命令：SAVEAS↙　（将绘制完成的图形以"文字合并图.dwg"为文件名保存在指定的路径中）

8.1.9　统一字高

　统一字高命令把所选择的文字字高统一为给定的字高，命令执行方式为：

命令行：TYZG

菜单：文字表格→统一字高

　点取菜单命令后，命令行提示为：

请选择要修改的文字（ACAD 文字，天正文字）<退出>指定对角点: 框选需要统一字高的文字

请选择要修改的文字（ACAD 文字，天正文字）<退出>

字高()<3.5mm>统一后的文字字高

　生成需要的文字字高统一。

实例 8-7　统一字高

原先文字如图 8-16 所示。

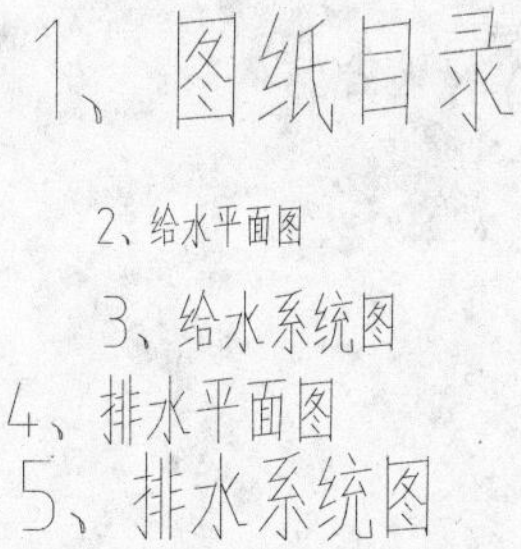

1、图纸目录　　　　　　　　　　1、图纸目录

2、给水平面图　　　　　　　　　2、给水平面图

3、给水系统图　　　　　　　　　3、给水系统图

4、排水平面图　　　　　　　　　4、排水平面图

5、排水系统图　　　　　　　　　5、排水系统图

　　　　图 8-16　文字图 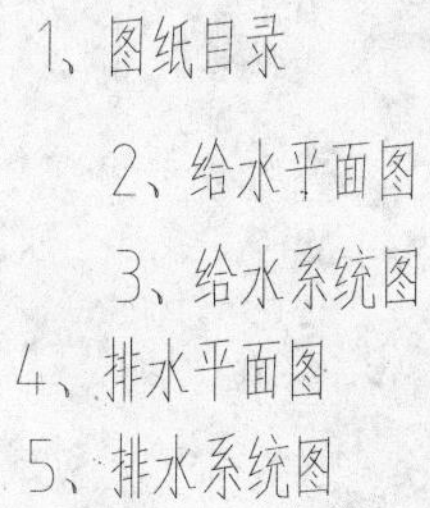　　　　　　　　　图 8-17　统一字高图

统一字高如图 8-17 所示。

【实例步骤】

　（1）打开文字图 8-16，单击【统一字高】，命令行提示为：

请选择要修改的文字（ACAD 文字，天正文字）<退出>指定对角点: 框选需要统一字高的文字

请选择要修改的文字（ACAD 文字，天正文字）<退出>

字高()<3.5mm>

　绘制结果如图 8-17 所示。

　（2）保存图形

命令：SAVEAS↙　（将绘制完成的图形以"统一字高图.dwg"为文件名保存在指定的路径中）

8.1.10 查找替换

查找替换命令把当前图形中所有的文字进行查找和替换，命令执行方式为：

命令行：**CZTH**

菜单：文字表格→统一字高

点取菜单命令后，对话框如图 8-18 所示。

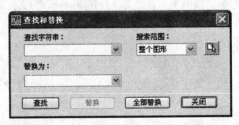

图 8-18 【查找和替换】对话框

首先确定搜索的区域，然后在【查找字符串】中输入需要更改的文字，在【替换为】中输入替换生成的文字，按要求进行逐一替换或者全体替换，搜索过程中在图中找到该文字显示红框，进行替换工作。

实例 8-8 查找替换

原先文字如图 8-19 所示。

饰面（由设计人定）
满刮2厚面层耐水腻子找平
满刷氯偏乳液（或乳化光油）防潮涂料两道，横纵向各刷一道（用防水石膏板时无此道工序）
9.5厚纸面石膏板，用自攻螺丝与龙骨固定，中巨≤200
U型轻钢龙骨横撑CB60×27（或CB50×20）中巨1200
U型轻钢龙骨CB60×27（或CB50×20）中巨429
10号镀锌低碳钢丝（或Φ6钢筋）吊杆，中巨横向≤800纵向429，吊杆上部与预留钢筋吊环固定

图 8-19 文字图

查找替换如图 8-20 所示。

饰面（由设计人定）
满刮2厚面层耐水腻子找平
满刷氯偏乳液（或乳化光油）防潮涂料两道，横纵向各刷一道（用防水石膏板时无此道工序）
9.5厚纸面石膏板，用自攻螺丝与龙骨固定，中距≤200
U型轻钢龙骨横撑CB60×27（或CB50×20）中距1200
U型轻钢龙骨CB60×27（或CB50×20）中距429
10号镀锌低碳钢丝（或Φ6钢筋）吊杆，中距横向≤800纵向429，吊杆上部与预留钢筋吊环固定

图 8-20 查找替换图

【实例步骤】

（1）打开文字图 8-19，单击【查找替换】，对话框如图 8-18 所示。

考虑到更好地运用对话框，对其中用到的控件说明如下：

〔搜索范围〕右击下拉菜单中选择搜索的范围。

〔查找字符串〕查找需要更改的文字。

〔替换为〕填入替换生成的文字。

在【搜索范围】中选择文字区域，在【查找字符串】中输入"巨"，在【替换为】中输入"距"，然后单击【全部替换】完成操作。

绘制结果如图 8-20 所示。

（2）保存图形

命令：SAVEAS↙　（将绘制完成的图形以"查找替换图.dwg"为文件名保存在指定的路径中）

8.1.11　繁简转换

繁简转换命令把当前文字在 Big5 与 GB 之间转换，命令执行方式为：

命令行：FJZH

菜单：文字表格→繁简转换

点取菜单命令后，对话框如图 8-21 所示。

首先确定文字的【转换方式】，然后在【对象选择】中选择对象的范围，单击【确定】命令后，命令行提示为：

选择包含文字的图元:选择需要转换的文字

选择包含文字的图元:

完成操作后，显示文字的繁简转换。

实例 8-9　繁简转换

原先简体文字如图 8-22 所示。

5厚1:2.5水泥砂浆罩面压实赶光

素水泥浆一道

7厚1:3水泥砂浆（内掺防水剂）扫毛或划出纹道

图 8-21　【繁简转换】对话框　　　　　　　　图 8-22　简体文字图

繁简转换如图 8-23 所示。

51:2.5??帧歼?溃龟话?

狱??歼 35

71:3??帧歼涵ZH?警茫苯×购?狍5

图 8-23　繁简转换图

【实例步骤】

（1）打开文字图 8-22，单击【繁简转换】，对话框如图 8-21 所示。

考虑到更好地运用对话框,对其中用到的控件说明如下:

〔转换方式〕根据需要点选简转繁或繁转简。

〔对象选择〕选择需要转换的字体范围。

在【转换方式】中选择【简转繁】,在【对象选择】中选择【选择对象】,单击【确定】进入绘图区域,命令行提示:

选择包含文字的图元:选择简体文字

选择包含文字的图元:

绘制结果如图 8-23 所示。

(2)保存图形

命令:SAVEAS↙ (将绘制完成的图形以"繁简转换图.dwg"为文件名保存在指定的路径中)

8.2 表格工具

表格是建筑绘图中的重要组成部分,通过表格可以层次清楚地表达大量的数据内容,表格可以独立绘制,也可以在门窗表和图样目录中应用。

8.2.1 新建表格

新建表格命令可以绘制表格并输入文字,命令执行方式为:

命令行:XJBG

菜单:文字表格→新建表格

点取菜单命令后,显示对话框如图 8-24 所示。

在其中输入需要的表格数据,单击确定,命令行显示为:

左上角点或 〔参考点(R)〕<退出>:选取表格左上角在图纸中的位置

点取表格位置后,单击选中表格,双击需要输入的单元格,即可对编辑栏进行文字输入。

实例 8-10 新建表格

生成的新建表格如图 8-25 所示。

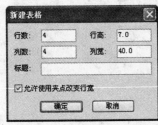

图 8-24 【新建表格】对话框

图 8-25 新建表格图

【实例步骤】

120

（1）打开需要表格的图，单击【新建表格】，显示对话框如图 8-24 所示，输入数据如图所示，然后单击确定，命令行显示为：

左上角点或 ［参考点(R)］<退出>：选取表格左上角在图纸中的位置

以上完成表格的创建。

（2）在表格中添加文字。单击选中表格，双击进行编辑，屏幕显示如下。

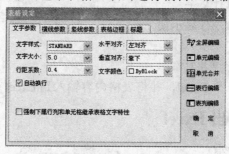

图 8-26 【表格设定】对话框

对文字参数内容填写如图所示，单击标题菜单，对话框如图 8-27 所示。

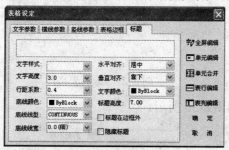

图 8-27 【表格设定】对话框

对文字参数内容填写如图所示，单击右侧【全屏编辑】，对话框如图 8-28 所示。

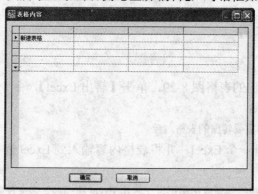

图 8-28 【表格设定】对话框

然后单击【确定】完成内容输入。

绘制结果如图 8-25 所示。

（3）保存图形

命令：SAVEAS√ （将绘制完成的图形以"新建表格图.dwg"为文件名保存在指定的路径中）

121

8.2.2　转出 Excel

转出 Excel 命令可以把天正表格输出到 Excel 新表单中或者更新到当前表单的选中区域，命令执行方式为：

菜单：文字表格→单行文字

点取菜单命令后，命令行显示如下：

宏名称(M): Sheet2excel

Select an object：选中一个表格对象

此时系统自动打开一个 Excel，并将表格内容输入到 Excel 表格中。

实例 8-11　转出 Excel

原有表格如图 8-1 所示。

新建表格			
新建表格			

图 8-29　原有表格图

生成的转出 Excel 如图 8-30 所示。

图 8-30　转出 Excel 图

【实例步骤】

（1）打开需要转出的表格图 8-29，单击【转出 Excel】，命令行显示为：

宏名称(M): Sheet2excel

Select an object：选中需要转出的表格对象

此时系统自动打开一个 Excel，并将表格内容输入到 Excel 表格中，如图 8-30 所示。

（2）保存图形

命令：SAVEAS✓　　（将绘制完成的图形以"转出 Excel 图.dwg"为文件名保存在指定的路径中）

8.2.3　全屏编辑

全屏编辑命令可以对表格内容进行全屏编辑，命令执行方式为：

命令行：QPBJ

菜单：文字表格→表格编辑→全屏编辑

点取菜单命令后，命令行显示如下：

选择表格:点选需要进行编辑的表格

显示表格需要编辑的对话框，如图 8-31 所示。

图 8-31 　【表格内容】对话框

此时在此对话框内填入需要的文字内容，在对话框内表行右击进行表行操作。

实例 8-12 　全屏编辑

原有表格如图 8-32 所示。

图 8-32 　原有表格图

进行全屏编辑后如图 8-33 所示。

新建表格			
序号	内容		
1			
2			
3			
4			

图 8-33 　全屏编辑图

【实例步骤】

（1）打开原有表格如图 8-33 所示，单击【全屏编辑】，命令行显示为：

选择表格:点选表格

显示表格需要编辑的对话框，在其中输入内容如图 8-32 所示。然后单击确定，生成表格如图 8-33 所示。

（2）保存图形

命令：SAVEAS✓ 　　（将绘制完成的图形以"全屏编辑图.dwg"为文件名保存在指定的路径中）

8.2.4 　拆分表格

拆分表格命令可以把表格分解为多个子表格，有行拆分和列拆分两种，命令执行方式为：

命令行：CFBG

菜单：文字表格→表格编辑→拆分表格

点取菜单命令后，显示对话框如图 8-34 所示。

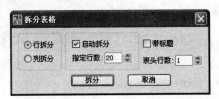

图 8-34　【拆分表格】对话框

在对话框中勾选【行拆分】，在中间框内选定【自动拆分】，指定行数输入 2，在右侧勾选【带标题】，然后单击【拆分】，命令行显示如下：

选择表格:单击需要拆分的表格

完成操作后，拆分后的新表格自动布置在原表格右边，原表格被拆分缩小。

若在中间框内不选定，则需要通过【交互拆分】方式进行拆分，命令行显示如下：

请点取要拆分的起始行<退出>:选择拆分新表格的起始行

请点取插入位置<返回>:插入新表格的位置

请点取要拆分的起始行<退出>:

即完成按需要形式拆分表格的操作。

实例 8-13　拆分表格

原有表格如图 8-35 所示。

新建表格			
序号	内容		
1			
2			
3			
4			

图 8-35　原有表格图

拆分表格如图 8-36 所示。

【实例步骤】

（1）打开需要拆分的表格图 8-35 所示，单击【拆分表格】，显示对话框如图 8-34 所示。考虑到更好地运用对话框，对其中用到的控件说明如下：

〔行拆分〕对表格的行进行拆分。

〔列拆分〕对表格的列进行拆分。

〔自动拆分〕对表格按照指定行数进行拆分。

〔指定行数〕对新表格不算表头的行数，可通过上下箭头选择。

〔带标题〕拆分后的表格是否带有原有标题。

〔表头行数〕定义表头的行数，可通过上下箭头选择。

新建表格		
序号	内容	
1		
2		

新建表格		
序号	内容	
3		
4		

图 8-36　拆分表格图

（2）在对话框中勾选【行拆分】，在中间框内选定【交互拆分】，在右侧勾选【带标题】，表头行数选 1，然后单击【拆分】，命令行显示如下：

请点取要拆分的起始行<退出>:选表格中序号下的第 3 行

请点取插入位置<返回>:在图中选择新表格位置

请点取要拆分的起始行<退出>:

绘制结果如图 8-36 所示。

（3）保存图形

命令：SAVEAS✓　　（将绘制完成的图形以"拆分表格图.dwg"为文件名保存在指定的路径中）

8.2.5　合并表格

合并表格命令可以把多个表格合并为一个表格，有行合并和列合并两种，命令执行方式为：

命令行：HBBG

菜单：文字表格→表格编辑→合并表格

点取菜单命令后，命令行显示如下：

选择第一个表格或 [列合并(C)]<退出>:选择位于表格首页的表格

选择下一个表格<退出>:选择连接的表格

选择下一个表格<退出>:

完成表格行数合并，标题保留第一个表格的标题。

实例 8-14　合并表格

原有分表格如图 8-37 所示。

合并表格如图 8-38 所示。

【实例步骤】

（1）打开需要合并的表格图 8-37 所示，单击【合并表格】，命令行显示如下：

选择第一个表格或 [列合并(C)]<退出>:选择上面的表格

选择下一个表格<退出>:选择下面的表格

选择下一个表格<退出>:

完成表格行数合并，标题保留第一个表格的标题，多余的表格可以删除，绘制结果如图

8-38 所示。

新建表格			
序号	内容		
1			
2			

新建表格			
序号	内容		
3			
4			

图 8-37　原有分表格图

新建表格			
序号	内容		
1			
2			
序号	内容		
1			
2			

图 8-38　合并表格图

（2）保存图形

命令：SAVEAS✓　（将绘制完成的图形以"合并表格图.dwg"为文件名保存在指定的路径中）

8.2.6　表列编辑

表列编辑命令可以编辑表格的一列或多列，命令执行方式为：

命令行：BLBJ

菜单：文字表格→表格编辑→表列编辑

点取菜单命令后，命令行显示如下：

请点取一表列以编辑属性或 [多列属性(M)/插入列(A)/加末列(T)/删除列(E)/交换列(X)]<退出>:鼠标放在灰色的表格处单击

在相应的表格处单击，显示对话框如图 8-39 所示。

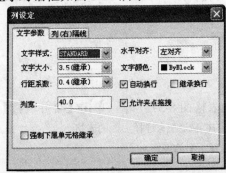

图 8-39　【列设定】对话框

在对话框中选择需要的列设定参数，然后单击【确定】完成操作，此时鼠标移动到的表列为显示灰色，依次类推，直到敲击回车键完成操作。

实例 8-15　表列编辑

原有表格如图 8-40 所示。

新建表格			
序号	内容		
1			
2			
3			
4			

图 8-40　原有表格图

经过列编辑后的表格如图 8-41 所示。

新建表格			
序号	内容		
1			
2			
3			
4			

图 8-41　列编辑后的表格图

【实例步骤】

（1）打开原有表格图 8-40 所示，单击【表列编辑】，命令行显示如下：

请点取一表列以编辑属性或 [多列属性(M)/插入列(A)/加末列(T)/删除列(E)/交换列(X)]<退出>:在第一列中单击

显示对话框如图 8-40 所示．在【文字对齐】单击，选择居中，然后单击【确定】完成操作，绘制结果如图 8-41 所示。

（2）保存图形

命令：SAVEAS↙　（将绘制完成的图形以“表列编辑图.dwg”为文件名保存在指定的路径中）

8.2.7　表行编辑

表行编辑命令可以编辑表格的一行或多行，命令执行方式为：

命令行：BHBJ

菜单：文字表格→表格编辑→表行编辑

点取菜单命令后，命令行显示如下：

请点取一表行以编辑属性或 [多行属性(M)/增加行(A)/末尾加行(T)/删除行(E)/复制行(C)/交换行(X)]<退出>:鼠标放在灰色的表格处单击

在相应的表格处单击，显示对话框如图 8-42 所示。

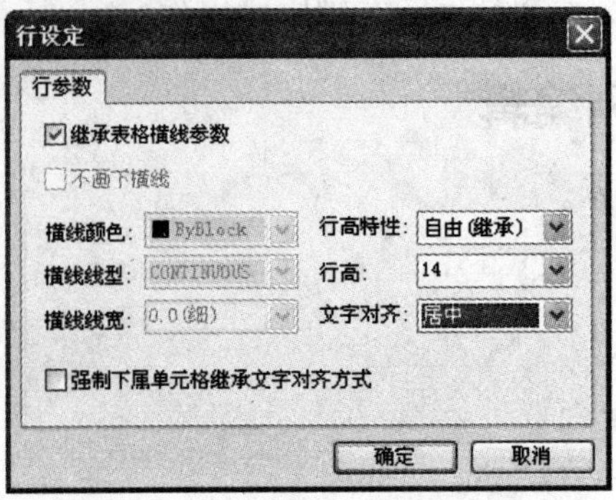

图 8-42 【列设定】对话框

在对话框中选择需要的列设定参数，然后单击【确定】完成操作，此时鼠标移动到的表列为显示灰色，依次类推，直到敲击回车键完成操作。

实例 8-16 表行编辑

原有表格如图 8-43 所示。

新建表格			
序号	内容		
1			
2			
3			
4			

图 8-43 原有表格图

经过行编辑后的表格如图 8-44 所示。

新建表格			
序号	内容		
1			
2			
3			
4			

图 8-44 行编辑后的表格图

【实例步骤】

（1）打开原有表格图 8-43 所示，单击【表行编辑】，命令行显示如下：

请点取一表行以编辑属性或 [多行属性(M)/增加行(A)/末尾加行(T)/删除行(E)/复制行(C)/交换行(X)]<退出>:鼠标放在序号表行的表格处单击

显示对话框如图 8-42 所示. 在【行高特性】单击，选择固定，在【行高】单击，选择 14，在【文字对齐】单击，选择居中，然后单击【确定】完成操作，绘制结果如图 8-44 所示。

（2）保存图形

命令：SAVEAS↙　（将绘制完成的图形以“表行编辑图.dwg”为文件名保存在指定的路径中）

8.2.8 增加表行

增加表行命令可以在指定表格行之前或之后增加一行，命令执行方式为：

命令行：ZJBH

菜单：文字表格→表格编辑→增加表行

点取菜单命令后，命令行显示如下：

本命令也可以通过[表行编辑]实现!

请点取一表行以(在本行之前)插入新行或 [在本行之后插入(A)/复制当前行(S)]<退出>:在需要增加的表行上单击则在当前表行前增加一空行，也可输入 A 在表行后插入一空行，输入 S 复制当前行

请点取一表行以(在本行之前)插入新行或 [在本行之后插入(A)/复制当前行(S)]<退出>:

实例 8-17 增加表行

原有表格如图 8-45 所示。

新建表格			
序号	内容		
1			
2			
3			
4			

图 8-45 原有表格图

经过增加表行后的表格如图 8-46 所示。

新建表格			
序号	内容		
1			
2			
3			
4			

图 8-46 增加表行后的表格图

【实例步骤】

（1）打开原有表格图 8-45 所示，单击【增加表行】，命令行显示如下：

请点取一表行以(在本行之前)插入新行或 [在本行之后插入(A)/复制当前行(S)]<退出>:A

请点取一表行以(在本行之后)插入新行或 [在本行之前插入(A)/复制当前行(S)]<退出>:点选序号 4 处

请点取一表行以(在本行之后)插入新行或 [在本行之前插入(A)/复制当前行(S)]<退出>:

绘制结果如图 8-46 所示。

（2）保存图形

命令：SAVEAS↙　（将绘制完成的图形以“增加表行图.dwg”为文件名保存在指定的路径中）

8.2.9 删除表行

删除表行命令可以删除指定行，命令执行方式为：

命令行：SCBH

菜单：文字表格→表格编辑→删除表行

点取菜单命令后，命令行显示如下：

本命令也可以通过[表行编辑]实现!

请点取要删除的表行<退出>选需要删除的表行

请点取要删除的表行<退出>

实例 8-18 删除表行

原有表格如图 8-47 所示。

新建表格			
序号	内容		
1			
2			
3			
4			

图 8-47 原有表格图

经过删除表行后的表格如图 8-48 所示。

新建表格			
序号	内容		
1			
2			
3			

图 8-48 删除表行后的表格图

【实例步骤】

（1）打开原有表格图 847 所示，单击【删除表行】，命令行显示如下：

本命令也可以通过[表行编辑]实现!

请点取要删除的表行<退出>点选序号 4 处

请点取要删除的表行<退出>

绘制结果如图 8-48 所示。

（2）保存图形

命令：SAVEAS↙ （将绘制完成的图形以“删除表行图. dwg”为文件名保存在指定的路径中）

8.2.10 单元编辑

单元编辑命令可以编辑表格单元格，修改属性或文字，命令执行方式为：

命令行：DYBJ

菜单：文字表格→表格编辑→单元编辑

点取菜单命令后，命令行显示如下：

请点取一单元格进行编辑或 [多格属性(M)/单元分解(X)]<退出>:选择需要编辑的单元格

此时显示单元格对话框如图 8-49 所示。

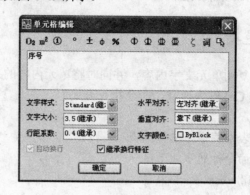

图 8-49 【单元框编辑】对话框

在对话框中选择需要的参数，然后单击【确定】完成操作，此时鼠标移动到的表列为显示灰色，依次类推，直到敲击回车键完成操作。

实例 8-19 单元编辑

原有表格如图 8-50 所示。

新建表格		
序号	内容	
1		
2		
3		
4		

图 8-50 原有表格图

经过单元编辑后的表格如图 8-51 所示。

新建表格		
编号	内容	
1		
2		
3		
4		

图 8-51 单元编辑后的表格图

【实例步骤】

（1）打开原有表格图 8-50 所示，单击【单元编辑】，命令行显示如下：

请点取一单元格进行编辑或 [多格属性(M)/单元分解(X)]<退出>:选择序号单元格

此时显示单元格对话框如图 8-49 所示，在内容由"序号"变更为"编号"，然后单击【确

131

定】，再敲击回车键完成操作。

绘制结果如图 8-51 所示。

（2）保存图形

命令：SAVEAS↙ （将绘制完成的图形以“单元编辑图.dwg”为文件名保存在指定的路径中）

8.2.11 单元递增

单元递增命令可以复制单元文字内容，并同时将单元内容的某一项递增或递减，同时按 Shift 键为直接复制，按 Ctrl 键为递减，命令执行方式为：

命令行：DYDZ

菜单：文字表格→表格编辑→单元编辑

点取菜单命令后，命令行显示如下：

点取第一个单元格<退出>:选取第一需要递增项

点取最后一个单元格<退出>:选取最后的递增项

实例 8-20 单元递增

原有表格如图 8-52 所示。

新建表格			
编号	内容		
第1			

图 8-52 原有表格图

经过单元递增后的表格如图 8-53 所示。

新建表格			
编号	内容		
第1			
第2			
第3			
第4			

图 8-53 单元递增后的表格图

【实例步骤】

（1）打开原有表格图 8-52 所示，单击【单元递增】，命令行显示如下：

点取第一个单元格<退出>:选第 1 单元格

点取最后一个单元格<退出>:选取下面第 4 单元格

绘制结果如图 8-53 所示。

（2）保存图形

命令：SAVEAS↙ （将绘制完成的图形以“单元递增图.dwg”为文件名保存在指定的路径中）

8.2.12 单元复制

单元复制命令可以复制表格中某一单元内容或者图块、文字对象至目标的表格单元，命令执行方式为：

命令行：DYFZ

菜单：文字表格→表格编辑→单元复制

点取菜单命令后，命令行显示如下：

点取复制源单元格或 [选取文字(A)/选取图块(B)]<退出>:选取要复制的单元格

点取粘贴至单元格（按 Ctrl 键重新选择复制源）[选取文字(A)/选取图块(B)]<退出>:选取粘贴到的单元格

点取粘贴至单元格（按 Ctrl 键重新选择复制源）[选取文字(A)/选取图块(B)]<退出>:

实例 8-21 单元复制

原有表格如图 8-54 所示。

新建表格			
编号	内容		

图 8-54　原有表格图

经过单元复制后的表格如图 8-55 所示。

新建表格			
编号	内容		
编号			
编号			
编号			
编号			

图 8-55　单元复制后的表格图

【实例步骤】

（1）打开原有表格图 8-54 所示，单击【单元复制】，命令行显示如下：

点取拷贝源单元格或 [选取文字(A)/选取图块(B)]<退出>:选取“编号”单元格

点取粘贴至单元格（按 Ctrl 键重新选择复制源）[选取文字(A)/选取图块(B)]<退出>:选下面第一个表格

点取粘贴至单元格（按 Ctrl 键重新选择复制源）或 [选取文字(A)/选取图块(B)]<退出>:选下面第二个表格

点取粘贴至单元格（按 Ctrl 键重新选择复制源）或 [选取文字(A)/选取图块(B)]<退出>:选下面第三个表格

点取粘贴至单元格（按 Ctrl 键重新选择复制源）或 [选取文字(A)/选取图块(B)]<退出>:选下面第四个表格

点取粘贴至单元格（按 Ctrl 键重新选择复制源）或 [选取文字(A)/选取图块(B)]<退出>:

绘制结果如图 8-55 所示。

（2）保存图形

命令：SAVEAS↙　（将绘制完成的图形以“单元复制图.dwg”为文件名保存在指定的路径中）

8.2.13 单元合并

单元合并命令可以合并表格的单元格，命令执行方式为：

命令行：**DYHB**

菜单：文字表格→表格编辑→单元合并

点取菜单命令后，命令行显示如下：

点取第一个角点:框选要合并的单元格

点取另一个角点:选取另一点完成操作

实例 8-22 单元合并

原有表格如图 8-56 所示。

新建表格			
编号	内容		

图 8-56 原有表格图

经过单元合并后的表格如图 8-57 所示。

新建表格			
	内容		
编号			

图 8-57 单元合并后的表格图

【实例步骤】

（1）打开原有表格图 8-56 所示，单击【单元合并】，命令行显示如下：

点取第一个角点:点选"编号"单元格

点取另一个角点:点下面的第四个单元格

合并后的文字居中，绘制结果如图 8-57 所示。

（2）保存图形

命令：SAVEAS✓ （将绘制完成的图形以"单元合并图.dwg"为文件名保存在指定的路径中）

8.2.14 撤销合并

撤销合并命令可以撤销已经合并的单元格，命令执行方式为：

命令行：**CXHB**

菜单：文字表格→表格编辑→撤销合并

点取菜单命令后，命令行显示如下：

本命令也可以通过[单元编辑]实现!

点取已经合并的单元格<退出>:点取需要撤销合并的单元格，同时恢复原有单元的组成结构

实例 8-23 撤销合并

原有表格单元合并如图 8-58 所示。

新建表格			
编号	内容		

图 8-58 原有表格图

经过撤销合并后的表格如图 8-59 所示。

新建表格			
编号	内容		
编号			
编号			
编号			
编号			

图 8-59 撤销合并后的表格图

【实例步骤】

（1）打开原有表格图 8-58 所示，单击【撤销合并】，命令行显示如下：

本命令也可以通过[单元编辑]实现!

点取已经合并的单元格<退出>:点取需要撤销合并的单元格

绘制结果如图 8-59 所示。

（2）保存图形

命令：SAVEAS↙ （将绘制完成的图形以“撤销合并图.dwg”为文件名保存在指定的路径中）

9

尺寸标注

内容简介

尺寸标注的创建：介绍有关实体的门窗、墙厚，内门的标注，标注方法的
两点、快速、逐点的标注，以及有关弧度的半径、直径、角度，弧长等的
标注。

尺寸标注的编辑：介绍有关尺寸标注的各种尺寸编辑命令。

9.1　尺寸标注的创建

尺寸标注是建筑绘图中的重要组成部分，通过尺寸标注可以对图上的门窗、墙体等进行
直线、角度、弧长标注等。

9.1.1　门窗标注

门窗标注命令可以标注门窗的定位尺寸，命令执行方式为：

命令行：MCBZ

菜单：尺寸标注→门窗标注

单击菜单命令后，命令行显示为：

请用线选第一、二道尺寸线及墙体

起点<退出>：在第一道尺寸线外面不远处取一个点P1；

终点<退出>：在外墙内侧取一个点P2，系统自动定位置绘制该段墙体的门窗标注；

选择其他墙体：添加被内墙断开的其他要标注墙体，回车结束命令；

实例 9-1　门窗标注

原有墙体图如图9-1所示。

生成的门窗标注如图 9-2 所示。

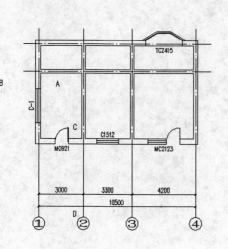

图 9-1　原有墙体图

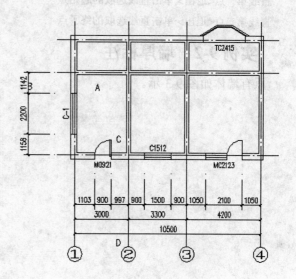

图 9-2　门窗标注图

【实例步骤】

（1）打开需要门窗标注的图 9-1，单击【门窗标注】，命令行显示为：

请用线选第一、二道尺寸线及墙体！

起点〈退出〉:选 A

终点〈退出〉:选 B

选择其他墙体：

以上完成 C-1 的尺寸标注。

（2）单击【门窗标注】，命令行显示为：

请用线选第一、二道尺寸线及墙体！

起点〈退出〉:选 C

终点〈退出〉:选 D

选择其他墙体:点选右侧墙体，找到 1 个

选择其他墙体:点选右侧墙体，找到 1 个，总计 2 个

选择其他墙体：

以上完成有轴标侧的墙体门窗的尺寸标注。绘制结果如图 9-2 所示。

（3）保存图形

命令：SAVEAS↙　（将绘制完成的图形以"门窗标注图.dwg"为文件名保存在指定的路径中）

9.1.2　墙厚标注

墙厚标注命令可以对两点连线穿越的墙体进行墙厚标注，命令执行方式为：

菜单：尺寸标注→墙厚标注

单击菜单命令后，命令行显示如下：

直线第一点<退出>:单击直线选取的起始点

直线第二点<退出>:单击直线选取的终了点

实例 9-2 墙厚标注

原有墙体如图 9-3 示。

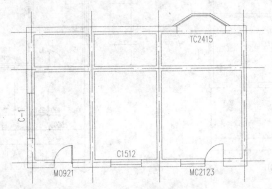

图 9-3 原有墙体图

墙厚标注后的墙体如图 9-4 所示。

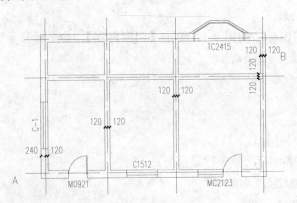

图 9-4 墙厚标注图

【实例步骤】

（1）打开需要进行墙体标注的图 9-3，单击【墙厚标注】，命令行显示为：

直线第一点<退出>:选 A

直线第二点<退出>:选 B

通过直线选取经过墙体的墙厚尺寸，如图 9-4 所示。

（2）保存图形

命令：SAVEAS✓　（将绘制完成的图形以"墙厚标注图.dwg"为文件名保存在指定的路径中）

9.1.3 两点标注

两点标注命令可以对两点连线穿越的墙体轴线等对象以及相关的其他对象进行定位标

注，命令执行方式为：

命令行：LDBZ

菜单：尺寸标注→两点标注

单击菜单命令后，命令行显示如下：

起点(当前墙面标注)或 [墙中标注(C)]<退出>:选取标注尺寸线一端或选 C 进入墙中标注

终点<退出>:选取标注尺寸线另一端

请选择不要标注的轴线和墙体:这里可以选择不需要进行标注的轴线和墙体

选择其他要标注的门窗和柱子:选取墙段上的门窗进行标注

请输入其他标注点或 [参考点(R)]<退出>:选择其他标注点或选择 U 取消

实例 9-3　两点标注

原有墙体如图 9-5 所示。

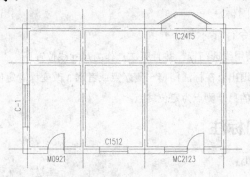

图 9-5　原有墙体图

进行两点标注后如图 9-6 所示。

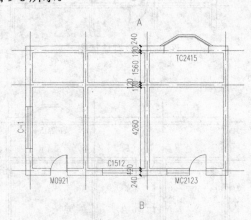

图 9-6　两点标注图

【实例步骤】

（1）打开原有原有墙体如图 9-5 所示，单击【两点标注】，命令行显示为：

起点(当前墙面标注)或 [墙中标注(C)]<退出>:选 A

终点<退出>:选 B

请选择不要标注的轴线和墙体:

选择其他要标注的门窗和柱子:

请输入其他标注点或 [参考点(R)]<退出>:

生成两点标注如图9-6所示。

（2）保存图形

命令: SAVEAS✓ （将绘制完成的图形以"两点标注图.dwg"为文件名保存在指定的路径中）

9.1.4 内门标注

内门标注命令可以标注内墙门窗尺寸以及门窗与最近的轴线或墙边的关系，命令执行方式为:

命令行: NMBZ

菜单：尺寸标注→内门标注

单击菜单命令后，命令行显示如下:

标注方式：轴线定位. 请用线选门窗，并且第二点作为尺寸线位置!

起点或 [垛宽定位(A)]<退出>:在标注门窗一侧起点或者选A改变垛宽定位

终点<退出>:选标注门窗的另一侧点为定位终点

实例9-4 内门标注

原有墙体如图9-7所示。

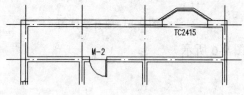

图9-7 原有墙体图

内门标注如图9-8所示。

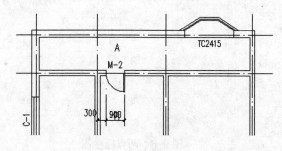

图9-8 内门标注图

【实例步骤】

（1）打开需要内门标注的图9-7，单击【内门标注】，命令行显示如下:

标注方式：轴线定位. 请用线选门窗，并且第二点作为尺寸线位置!

起点或［垛宽定位(A)]〈退出〉:选 A

终点〈退出〉:选 B

绘制结果如图 9-8 所示。

（2）保存图形

命令：SAVEAS↙　（将绘制完成的图形以"内门标注图.dwg"为文件名保存在指定的路径中）

9.1.5　快速标注

快速标注命令可以快速识别图形外轮廓或者基线点，沿着对象的长宽方向标注对象的几何特征尺寸，命令执行方式为：

命令行：KSBZ

菜单：尺寸标注→快速标注

单击菜单命令后，命令行显示如下：

选择要标注的几何图形：选取要标注的对象

选择要标注的几何图形：

请指定尺寸线位置(当前标注方式:连续加整体)或［整体(T)/连续(C)/连续加整体(A)]〈退出〉:"整体"是整体图形的外尺寸，"连续"是根据标注对象连续直线标注尺寸，"连续加整体"是两者同时创建。

实例 9-5　快速标注

原有墙体如图 9-9 所示。

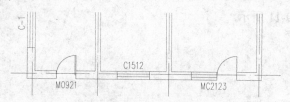

图 9-9　原有墙体图

快速标注如图 9-10 所示。

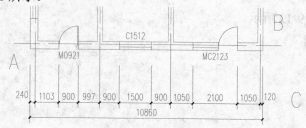

图 9-10　快速标注图

【实例步骤】

（1）打开需要快速标注的图 9-9，单击【快速标注】，命令行显示如下：

选择要标注的几何图形：框选 A-B

选择要标注的几何图形:

请指定尺寸线位置(当前标注方式:连续加整体)或 [整体(T)/连续(C)/连续加整体(A)]<退出>:A

请指定尺寸线位置(当前标注方式:连续加整体)或 [整体(T)/连续(C)/连续加整体(A)]<退出>:选 C 点

绘制结果如图 9-10 所示。

（2）保存图形

命令: SAVEAS↙　　（将绘制完成的图形以"快速标注图.dwg"为文件名保存在指定的路径中）

9.1.6　逐点标注

逐点标注命令可以单击各标注点,沿给定的直线方向标注连续尺寸,命令执行方式为:

命令行: ZDBZ

菜单: 尺寸标注→逐点标注

单击菜单命令后,命令行显示如下:

起点或 [参考点(R)]<退出>:选取第一个标注的起点

第二点<退出>:选取第一个标注的终点

请单击尺寸线位置或 [更正尺寸线方向(D)]<退出>:单击尺寸线位置

请输入其他标注点或 [撤消上一标注点(U)]<结束>:选择下一个标注点

请输入其他标注点或 [撤消上一标注点(U)]<结束>:继续选点,回车结束

实例 9-6　逐点标注

原有墙体如图 9-11 所示。

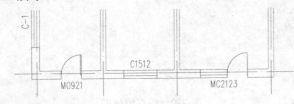

图 9-11　原有墙体图

逐点标注如图 9-12 所示。

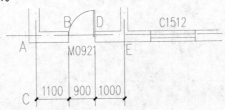

图 9-12　逐点标注图

【实例步骤】

（1）打开需要逐点标注的图 9-11,单击【逐点标注】,命令行显示如下:

起点或 [参考点(R)]<退出>:选 A

第二点<退出>:选 B

请单击尺寸线位置或 [更正尺寸线方向(D)]<退出>:选 C

请输入其他标注点或 [撤消上一标注点(U)]<结束>:选 D

请输入其他标注点或 [撤消上一标注点(U)]<结束>:选 E

请输入其他标注点或 [撤消上一标注点(U)]<结束>:

完成标注后，绘制结果如图 9-12 所示。

（2）保存图形

命令：SAVEAS↙　（将绘制完成的图形以"逐点标注图.dwg"为文件名保存在指定的路径中）

9.1.7　半径标注

半径标注命令可以对弧墙或弧线进行半径标注，命令执行方式为：

命令行：BJBZ

菜单：尺寸标注→半径标注

单击菜单命令后，命令行显示如下：

请选择待标注的圆弧<退出>:选取需要进行半径标注的弧线或弧墙

实例 9-7　半径标注

原有墙体如图 9-13 所示。

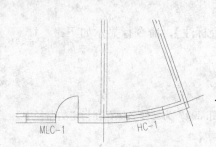
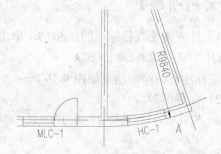

图 9-13　原有墙体图　　　　图 9-14　半径标注图

半径标注如图 9-14 所示。

【实例步骤】

（1）打开需要半径标注的图 9-13，单击【半径标注】，命令行显示如下：

请选择待标注的圆弧<退出>:选 A

完成标注后，绘制结果如图 9-14 所示。

（2）保存图形

命令：SAVEAS↙　（将绘制完成的图形以"半径标注图.dwg"为文件名保存在指定的路径中）

9.1.8　直径标注

直径标注命令可以对圆进行直径标注，命令执行方式为：

命令行：ZJBZ

菜单：尺寸标注→直径标注

单击菜单命令后，命令行显示如下：

请选择待标注的圆弧<退出>:选取需要进行直径标注的弧线或弧墙

实例9-8 直径标注

原有墙体如图9-15所示。

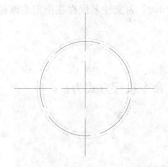

图9-15 原有墙体图

图9-16 直径标注图

直径标注如图9-16所示。

【实例步骤】

（1）打开需要直径标注的图9-15，单击【直径标注】，命令行显示如下：

请选择待标注的圆弧<退出>:选A

完成标注后，绘制结果如图9-16所示。

（2）保存图形

命令：SAVEAS✓　　（将绘制完成的图形以"直径标注图.dwg"为文件名保存在指定的路径中）

9.1.9 角度标注

角度标注命令可以对基于两条线创建角度标注，标注角度为逆时针方向,命令执行方式为：

命令行：JDBZ

菜单：尺寸标注→角度标注

单击菜单命令后，命令行显示如下：

请选择第一条直线<退出>:选取第一条直线

请选择第二条直线<退出>:选取第二条直线

实例9-9 角度标注

原有相交直线如图9-17所示。

角度标注如图9-18所示。

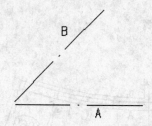

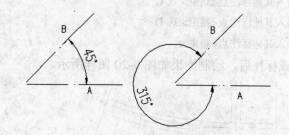

图 9-17　原有相交直线图　　　　　　　　图 9-18　角度标注图

【实例步骤】

（1）打开需要角度标注的图 9-17，单击【角度标注】，命令行显示如下：

请选择第一条直线<退出>:选 A

请选择第二条直线<退出>:选 B

完成标注后，绘制结果如图 9-18 左侧图样所示。

请选择第一条直线<退出>:选 B

请选择第二条直线<退出>:选 A

完成标注后，绘制结果如图 9-18 右侧图样所示。

（2）保存图形

命令：SAVEAS✓　　（将绘制完成的图形以"角度标注图.dwg"为文件名保存在指定的路径中）

9.1.10　弧长标注

弧长标注命令可以按国家规定方式标注弧长，命令执行方式为：

命令行：HCBZ

菜单：尺寸标注→弧长标注

单击菜单命令后，命令行显示如下：

请选择要标注的弧段:选择需要标注的弧线或弧墙

请单击尺寸线位置<退出>:确定标注线的位置

请输入其他标注点<结束>:连续选择其他标注点

请输入其他标注点<结束>:

实例 9-10　弧长标注

原有弧形墙体如图 9-19 所示。

弧长标注后的墙体如图 9-20 所示。

【实例步骤】

（1）打开需要弧长标注的弧形墙图 9-19，单击【弧长标注】，命令行显示如下：

请选择要标注的弧段: 选 A

请单击尺寸线位置<退出>:选 B

请输入其他标注点<结束>:选 C

请输入其他标注点<结束>:选 D

请输入其他标注点<结束>:

完成标注后，绘制结果如图 9-20 图样所示。

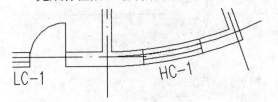

图 9-19　原有弧形墙体图

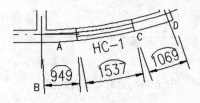

图 9-20　弧长标注图

（2）保存图形

命令：SAVEAS✓　（将绘制完成的图形以"弧长标注图.dwg"为文件名保存在指定的路径中）

9.2　尺寸标注的编辑

9.2.1　文字复位

文字复位命令可以把尺寸文字的位置恢复到默认的尺寸线中点上方，命令执行方式为：

命令行：WZFW

菜单：尺寸标注→尺寸编辑→文字复位

单击菜单命令后，命令行显示为：

请选择天正尺寸标注：点选需要复位的标注

请选择天正尺寸标注：

实例 9-11　文字复位

原有标注文字图如图 9-21 所示。

文字复位后的标注如图 9-22 所示。

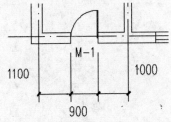

图 9-21　原有标注图

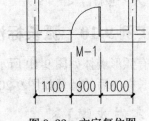

图 9-22　文字复位图

【实例步骤】

（1）打开需要文字复位的标注图 9-21，单击【文字复位】，命令行显示为：

请选择天正尺寸标注：选择文字标注

请选择天正尺寸标注：

以上完成文字复位的标注，绘制结果如图 9-22 所示。

（2）保存图形

命令：SAVEAS↙　（将绘制完成的图形以"文字复位图.dwg"为文件名保存在指定的路径中）

9.2.2　文字复值

文字复值命令可以把尺寸文字恢复为默认的测量值，命令执行方式为：

命令行：WZFZ

菜单：尺寸标注→尺寸编辑→文字复值

单击菜单命令后，命令行显示为：

请选择天正尺寸标注：点选需要复值的标注

请选择天正尺寸标注：

实例 9-12　文字复值

原有标注文字图如图 9-23 所示。

文字复值后的标注如图 9-24 所示。

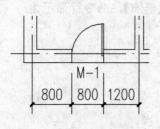

图 9-23　原有标注图

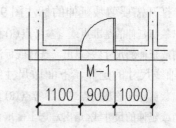

图 9-24　文字复值图

【实例步骤】

（1）打开需要文字复值的标注图 9-23，单击【文字复值】，命令行显示为：

请选择天正尺寸标注：选择文字标注

请选择天正尺寸标注：

以上完成文字复值的标注，绘制结果如图 9-24 所示。

（2）保存图形

命令：SAVEAS↙　（将绘制完成的图形以"文字复值图.dwg"为文件名保存在指定的路径中）

9.2.3　剪裁延伸

剪裁延伸命令可以根据指定的新位置，对尺寸标注进行裁切或延伸，命令执行方式为：

命令行：CJYS

菜单：尺寸标注→尺寸编辑→剪裁延伸

单击菜单命令后，命令行显示为：

请给出裁剪延伸的基准点或［参考点(R)］<退出>:点选需要延伸或剪切到的位置

要裁剪或延伸的尺寸线<退出>:选择相应的尺寸线

实例 9-13　剪裁延伸

原有尺寸标注图如图 9-25 所示。

剪裁延伸后的标注如图 9-26 所示。

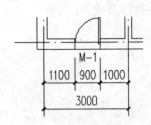

图 9-25　原有标注图

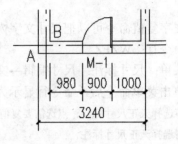

图 9-26　剪裁延伸图

【实例步骤】

（1）打开需要剪裁延伸的标注图 9-25，单击【剪裁延伸】，命令行显示为：

请给出裁剪延伸的基准点或［参考点(R)］<退出>:选 A

要裁剪或延伸的尺寸线<退出>:选轴线标注

完成轴线尺寸的延伸，下面做尺寸线的剪切。

请给出裁剪延伸的基准点或［参考点(R)］<退出>:选 B

要裁剪或延伸的尺寸线<退出>:选上侧墙体标注

以上完成剪裁延伸的标注；绘制结果如图 9-26 所示。

（2）保存图形

命令：SAVEAS✓　（将绘制完成的图形以"剪裁延伸图.dwg"为文件名保存在指定的路径中）

9.2.4　取消尺寸

取消尺寸命令可以取消连续标注中的一个尺寸标注区间，命令执行方式为：

命令行：QXCC

菜单：尺寸标注→尺寸编辑→取消尺寸

单击菜单命令后，命令行显示为：

请选择待取消的尺寸区间的文字<退出>:点选要删除的尺寸线区

请选择待取消的尺寸区间的文字<退出>:

实例 9-14　取消尺寸

原有尺寸标注图如图 9-27 所示。

取消尺寸后的标注如图 9-28 所示。

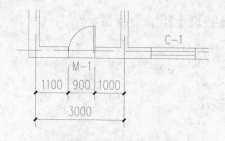

图 9-27 原有标注图

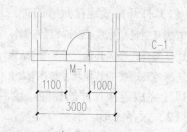

图 9-28 取消尺寸图

【实例步骤】

（1）打开需要取消尺寸的标注图 9-27，单击【取消尺寸】，命令行显示为：

请选择待取消的尺寸区间的文字〈退出〉：选门尺寸

请选择待取消的尺寸区间的文字〈退出〉：

以上完成取消尺寸的标注，绘制结果如图 9-28 所示。

（2）保存图形

命令：SAVEAS✓   （将绘制完成的图形以"取消尺寸图.dwg"为文件名保存在指定的路径中）

9.2.5 连接尺寸

连接尺寸命令可把平行的多个尺寸标注连接成一个连续的尺寸标注对象，命令执行方式为：

命令行：LJCC

菜单：尺寸标注→尺寸编辑→连接尺寸

单击菜单命令后，命令行显示为：

请选择主尺寸标注〈退出〉：选择需要对齐的尺寸

选择需要连接的其他尺寸标注〈结束〉：点选连接的尺寸

选择需要连接的其他尺寸标注〈结束〉：

实例 9-15 连接尺寸

原有尺寸标注图如图 9-29 所示。

连接尺寸后的标注如图 9-30 所示。

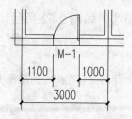

图 9-29 原有标注图

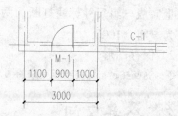

图 9-30 连接尺寸图

【实例步骤】

（1）打开需要连接尺寸的标注图9-29，单击【连接尺寸】，命令行显示为：

请选择主尺寸标注<退出>:选左侧标注

选择需要连接的其他尺寸标注<结束>:选右侧标注

选择需要连接的其他尺寸标注<结束>:

以上完成连接尺寸的标注，绘制结果如图9-30所示。

（2）保存图形

命令：SAVEAS✓　（将绘制完成的图形以"连接尺寸图.dwg"为文件名保存在指定的路径中）

9.2.6　尺寸打断

尺寸打断命令可以把一组尺寸标注打断为两组独立的尺寸标注，命令执行方式为：

命令行：CCDD

菜单：尺寸标注→尺寸编辑→尺寸打断

单击菜单命令后，命令行显示为：

请在要打断的一侧单击尺寸线<退出>:在要打断的标注处点一下

实例9-16　尺寸打断

原有一组尺寸标注图如图9-31所示。

尺寸打断后的标注如图9-32所示。

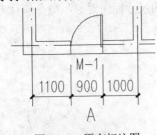

图9-31　原有标注图

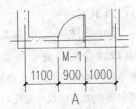

图9-32　尺寸打断图

【实例步骤】

（1）打开需要尺寸打断的标注图9-31，单击【尺寸打断】，命令行显示为：

请在要打断的一侧单击尺寸线<退出>:在A处的尺寸标注点一下

以上完成一组尺寸标注打断为两组独立的尺寸标注，绘制结果如图9-32所示，其中1100和900为一组，1000为一组。

（2）保存图形

命令：SAVEAS✓　（将绘制完成的图形以"尺寸打断图.dwg"为文件名保存在指定的路径中）

9.2.7　合并区间

合并区间命令可以把天正标注对象中的相邻区间合并为一个区间，命令执行方式为：

命令行：HBQJ

菜单：尺寸标注→尺寸编辑→合并区间

单击菜单命令后，命令行显示为：

请单击合并区间中的尺寸界线<退出>:选取两个要合并的区间的中间尺寸线

请单击合并区间中的尺寸界线或 [撤消(U)]<退出>:选取其他的要合并的区间

请单击合并区间中的尺寸界线或 [撤消(U)]<退出>:

实例 9-17 合并区间

原有一组尺寸标注图如图 9-33 所示。

合并区间后的标注如图 9-34 所示。

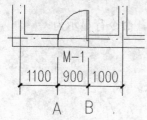

图 9-33 原有标注图

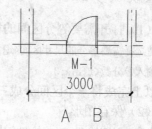

图 9-34 合并区间图

【实例步骤】

（1）打开需要合并区间的标注图 9-33，单击【合并区间】，命令行显示为：

请单击合并区间中的尺寸界线<退出>:选 A

请单击合并区间中的尺寸界线或 [撤消(U)]<退出>:选 B

请单击合并区间中的尺寸界线或 [撤消(U)]<退出>:

以上完成合并为一个区间，绘制结果如图 9-34 所示。

（2）保存图形

命令：SAVEAS✓   （将绘制完成的图形以"合并区间图.dwg"为文件名保存在指定的路径中）

9.2.8 等分区间

等分区间命令可以把天正标注对象的某一个区间按指定等分数等分为多个区间，命令执行方式为：

命令行：DFQJ

菜单：尺寸标注→尺寸编辑→等分区间

单击菜单命令后，命令行显示为：

请选择需要等分的尺寸区间<退出>:选择需要等分的区间

输入等分数<退出>:输入等分数量

实例 9-18 等分区间

原有尺寸标注图如图 9-35 所示。

等分区间后的标注如图 9-36 所示。

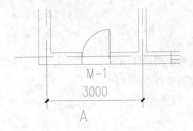

图 9-35　原有标注图

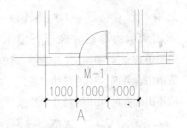

图 9-36　等分区间图

【实例步骤】

（1）打开需要等分区间的标注图 9-35，单击【等分区间】，命令行显示为：

请选择需要等分的尺寸区间<退出>:选 A

输入等分数<退出>:3

以上完成将一个区间分成三等分，绘制结果如图 9-36 所示。

（2）保存图形

命令：SAVEAS✓　（将绘制成的图形以"等分区间图. dwg"为文件名保存在指定的路径中）

9.2.9　对齐标注

对齐标注命令可以把多个天正标注对象按参考标注对象对齐排列，命令执行方式为：

命令行：DQBZ

菜单：尺寸标注→尺寸编辑→对齐标注

单击菜单命令后，命令行显示为：

选择参考标注<退出>:选取做为参考的标注,以它为标准

选择其他标注<退出>：选取其他要对齐的标注

选择其他标注<退出>:

实例 9-19　对齐标注

原有尺寸标注图如图 9-37 所示。

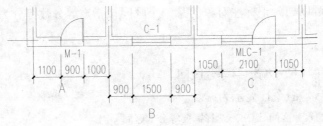

图 9-37　原有标注图

对齐标注后的标注如图 9-38 所示。

【实例步骤】

（1）打开需要对齐标注图 9-37，单击【对齐标注】，命令行显示为：

选择参考标注〈退出〉:选 A

选择其他标注〈退出〉:选 B

选择其他标注〈退出〉:选 C

选择其他标注〈退出〉:

以上完成对齐标注，绘制结果如图 9-38 所示。

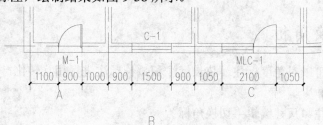

图 9-38　对齐标注图

（2）保存图形

命令：SAVEAS↙　（将绘制完成的图形以"对齐标注图.dwg"为文件名保存在指定的路径中）

9.2.10　增补尺寸

增补尺寸命令可以对已有的尺寸标注增加标注点，命令执行方式为：

命令行：ZBCC

菜单：尺寸标注→尺寸编辑→增补尺寸

单击菜单命令后，命令行显示为：

请选择尺寸标注〈退出〉:选择需要增补尺寸

单击待增补的标注点的位置或 ［参考点(R)］〈退出〉:选择增补点

单击待增补的标注点的位置或 ［参考点(R)/撤消上一标注点(U)］〈退出〉:

实例 9-20　增补尺寸

原有尺寸标注图如图 9-39 所示。

增补后的标注如图 9-40 所示。

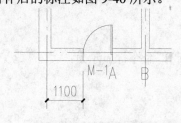

图 9-39　原有标注图

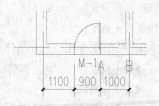

图 9-40　增补尺寸图

【实例步骤】

（1）打开需要增补尺寸图 9-39，单击【增补尺寸】，命令行显示为：

单击待增补的标注点的位置或 ［参考点(R)］〈退出〉:选 A

单击待增补的标注点的位置或 ［参考点(R)/撤消上一标注点(U)］〈退出〉:选 B

单击待增补的标注点的位置或 ［参考点(R)/撤消上一标注点(U)］〈退出〉:

以上完成增补尺寸标注，绘制结果如图 9-40 所示。

（2）保存图形

命令: SAVEAS↙　（将绘制完成的图形以"增补尺寸图.dwg"为文件名保存在指定的路径中）

9.2.11　切换角标

切换角标命令可以对角度标注、弦长标注和弧长标注进行相互转化，命令执行方式为：

命令行：QHJB

菜单：尺寸标注→尺寸编辑→切换角标

单击菜单命令后，命令行显示为：

请选择天正角度标注: 选择需要切换角标的标注

请选择天正角度标注:

实例 9-21　切换角标

原有尺寸标注图如图 9-41 所示。

切换角标后的标注如图 9-42 所示。

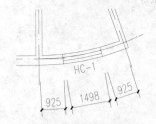

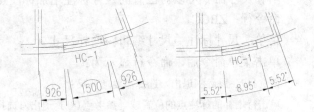

图 9-41　原有标注图　　　　　　　　　　　　　　　图 9-42　切换角标图

【实例步骤】

（1）打开需要切换角标的图 9-41，单击【切换角标】，命令行显示为：

请选择天正角度标注: 选标注

请选择天正角度标注:

绘制结果如图 9-42 左边图样所示。单击【切换角标】，命令行显示为：

请选择天正角度标注: 选左侧的标注

请选择天正角度标注:

绘制结果如图 9-42 右边图样所示。

（2）保存图形

命令: SAVEAS↙　（将绘制完成的图形以"切换角标图.dwg"为文件名保存在指定的路径中）

9.2.12　尺寸转化

尺寸转化命令可以把 AUTOCAD 的尺寸标注转化为天正的尺寸标注，命令执行方式为：

命令行：CCZH

菜单：尺寸标注→尺寸编辑→尺寸转化

单击菜单命令后，命令行显示为：

请选择 ACAD 尺寸标注：选择需要尺寸转化的标注

请选择 ACAD 尺寸标注：

实例 9-22　尺寸转化

原有 AUTOCAD 尺寸标注图如图 9-43 所示。

尺寸转化后的标注如图 9-44 所示。

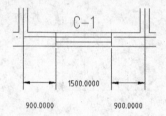

图 9-43　原有标注图

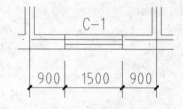

图 9-44　尺寸转化图

【实例步骤】

（1）打开需要尺寸转化的图 9-43，单击【尺寸转化】，命令行显示为：

请选择 ACAD 尺寸标注：找到 1 个

请选择 ACAD 尺寸标注：找到 1 个，总计 2 个

请选择 ACAD 尺寸标注：找到 1 个，总计 3 个

请选择 ACAD 尺寸标注：

全部选中的 3 个对象成功的转化为天正尺寸标注！

绘制结果如图 9-44 所示。

（2）保存图形

命令：SAVEAS✓　（将绘制完成的图形以"尺寸转化图.dwg"为文件名保存在指定的路径中）

9.2.13　尺寸自调

尺寸自调命令可以对天正尺寸标注的文字位置进行自动调整，使得文字不重叠，命令执行方式为：

命令行：CCZT

菜单：尺寸标注→尺寸编辑→尺寸自调

单击菜单命令后，命令行显示为：

请选择天正尺寸标注：选择需要进行调整的天正尺寸标注

请选择天正尺寸标注：

实例 9-23　尺寸自调

原有天正尺寸标注图如图 9-45 所示。

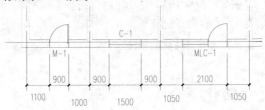

图 9-45　原有标注图

尺寸自调后的标注如图 9-46 所示。

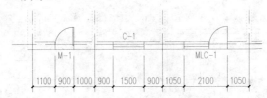

图 9-46　尺寸自调图

【实例步骤】

（1）打开需要尺寸自调的图 9-45，单击【尺寸自调】，命令行显示为：

请选择天正尺寸标注：选择尺寸

请选择天正尺寸标注：选择尺寸

请选择天正尺寸标注：选择尺寸

请选择天正尺寸标注：

绘制结果如图 9-46 所示。

（2）保存图形

命令：SAVEAS↙　　（将绘制完成的图形以"尺寸自调图.dwg"为文件名保存在指定的路径中）

符号标注

内容简介

标高符号：介绍标高的标注、检查的操作。
工程符号的标注：介绍有关表示工程符号标注的箭头、引出、作法、索引等操作，以及索引图号的生成；剖面符号的生成，可以生成立面和剖面图；工程符号的指北针和图名生成。

10.1 标高符号

标高符号是表示某个点的高程或者垂直高度。

10.1.1 标高标注

标高标注命令可以标注各种标高符号，可连续标注标高，命令执行方式为：
命令行：BGBZ
菜单：符号标注→标高标注
单击菜单命令后，显示【编辑标高】对话框，如图 10-1 所示。

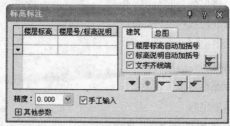

图 10-1 【编辑标高】对话框

在对话框中选取建筑工程中常用的基线方式。命令行显示为:

请单击标高点或［参考标高(R)］<退出>:选取标高点

请单击标高方向<退出>:标高尺寸方向

单击基线位置<退出>:选取基线位置

下一点或［第一点(F)］<退出>:选取其他标高点

下一点或［第一点(F)］<退出>:

实例 10-1　标高标注

有需要标高标注如图 10-2 所示。

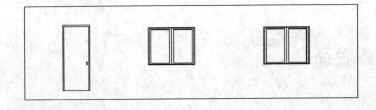

图 10-2　立面图

立面标高标注如图 10-3 所示。

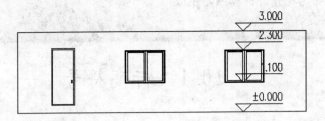

图 10-3　标高标注图

【实例步骤】

（1）打开需要进行标高标注的立面图 10-2，单击【标高标注】，显示对话框如图 10-1 所示，在绘图区域左键单击，命令行显示为:

请单击标高点或［参考标高(R)］<退出>:选取地坪

请单击标高方向<退出>:选标高点的右侧

单击基线位置<退出>:选取基线在地坪

下一点或［第一点(F)］<退出>:选取窗下

下一点或［第一点(F)］<退出>:选取窗上

下一点或［第一点(F)］<退出>:选屋顶

下一点或［第一点(F)］<退出>:

右键退出，最终绘制结果如图 10-3 所示。

（2）保存图形

命令：SAVEAS↙　（将绘制完成的图形以"标高标注图.dwg"为文件名保存在指定的路径中）

10.1.2　标高检查

标高检查命令可以通过一个给定标高对立剖面图中其他标高符号进行检查，命令执行方式为：

命令行：BGJC

菜单：符号标注→标高检查

单击菜单命令后，命令行显示为：

选择参考标高或 [参考当前用户坐标系(T)]〈退出〉:选择参考坐标

选择待检查的标高标注:选择待检查的标高

选择待检查的标高标注：选择待检查的标高

选择待检查的标高标注：选择待检查的标高

选择待检查的标高标注：

选中的标高3个，全部正确!

实例 10-2　标高检查

有需要标高检查如图 10-4 所示。

图 10-4　立面图

立面标高检查后结果如图 10-5 所示。

图 10-5　标高检查图

【实例步骤】

（1）打开需要进行标高检查的立面图 10-4，单击【标高检查】，命令行显示为：

选择参考标高或 [参考当前用户坐标系(T)]〈退出〉选地坪标高处

选择待检查的标高标注:选窗下标高

选择待检查的标高标注:选窗上标高

选择待检查的标高标注:选屋顶标高

选择待检查的标高标注：

选中的标高 3 个，其中 2 个有错！

第 2/1 个错误的标注，正确标注(2.300)或 ［纠正标高(C)/下一个(F)/退出(X)］〈全部纠正〉：

此时直接回车，最终绘制结果如图 10-5 所示。

（2）保存图形

命令：SAVEAS✓　（将绘制完成的图形以"标高检查图.dwg"为文件名保存在指定的路径中）

10.2　工程符号的标注

工程符号标注是在天正图中添加具有工程含义的图形符号对象。

10.2.1　箭头引注

箭头引注命令可以绘制指示方向的箭头及引线，命令执行方式为：

命令行：**JTYZ**

菜单：符号标注→箭头引注

单击菜单命令后，显示对话框如图 10-6。

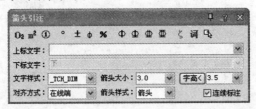

图 10-6　箭头引注对话框图

首先在下侧选项中添加适当选择，然后在对话框中输入要标注的文字。在绘图区域中点一下，命令行显示为：

箭头起点或 ［单击图中曲线(P)/单击参考点(R)］〈退出〉:选择箭头起点

直段下一点或 ［弧段(A)/回退(U)］〈结束〉:选择箭头线的转角

直段下一点或 ［弧段(A)/回退(U)］〈结束〉:选择箭头线的转角

直段下一点或 ［弧段(A)/回退(U)］〈结束〉:

实例 10-3　箭头引注

立面图如图 10-7 所示。

箭头引注后的标注如图 10-8 所示。

【**实例步骤**】

（1）打开需要箭头引注的图 10-7，单击【箭头引注】，显示对话框如图 10-6，在对话框中选择适当的选项，在文字框中输入"窗户"，然后在绘图区域点一下，命令行显示为：

箭头起点或［单击图中曲线(P)/单击参考点(R)］〈退出〉:选择窗内一点

直段下一点或［弧段(A)/回退(U)〉〈结束〉:选择下面的直线点

直段下一点或［弧段(A)/回退(U)〉〈结束〉:选择水平的直线点

直段下一点或［弧段(A)/回退(U)〉〈结束〉:

以上完成窗户的箭头引注,绘制结果如图 10-8 所示。

图 10-7　原有标注图

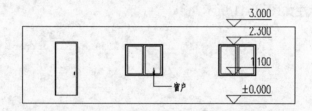

图 10-8　箭头引注图

（2）保存图形

命令: SAVEAS✓　　（将绘制完成的图形以"箭头引注图.dwg"为文件名保存在指定的路径中）

10.2.2　引出标注

引出标注命令可以用引线引出来对多个标注点做同一内容的标注,命令执行方式为:

命令行: YCBZ

菜单: 符号标注→引出标注

单击菜单命令后,显示对话框如图 10-9。

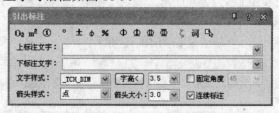

图 10-9　引出标注对话框图

首先在下侧选项中添加适当选择,然后在对话框中输入要标注的文字。在绘图区域中点一下,命令行显示为:

请给出标注第一点〈退出〉:选择标注起点

输入引线位置或［更改箭头型式(A)］<退出>:选取引线位置

单击文字基线位置<退出>:选取基线位置

输入其他的标注点<结束>:

实例 10-4　引出标注

立面图如图 10-10 所示。

图 10-10　原有标注图

引出标注后的标注如图 10-11 所示。

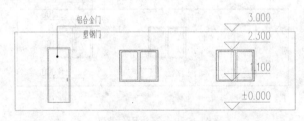

图 10-11　引出标注图

【实例步骤】

（1）打开需要引出标注的图 10-10，单击【引出标注】，显示对话框如图 10-9，在对话框中选择适当的选项，在上侧文字框中输入"铝合金门"，在下侧文字框中输入"塑钢门"，然后在绘图区域点一下，命令行显示为：

请给出标注第一点<退出>:选择门内一点

输入引线位置或［更改箭头型式(A)］<退出>:单击引线位置

单击文字基线位置<退出>:选取文字基线位置

输入其他的标注点<结束>:

以上完成门的引出标注，绘制结果如图 10-11 所示。

（2）保存图形

命令: SAVEAS↙　（将绘制完成的图形以"引出标注图.dwg"为文件名保存在指定的路径中）

10.2.3　作法标注

作法标注命令可以从专业词库获得标准作法，用以标注工程作法，命令执行方式为：

命令行: ZFBZ

菜单: 符号标注→做法标注

单击菜单命令后，显示对话框如图 10-12。

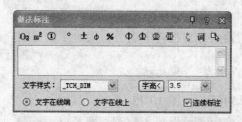

图 10-12　作法标注对话框图

首先在下侧选项中添加适当选择，然后在对话框中分行输入要标注的作法文字。在绘图区域中点一下，命令行显示为：

请给出标注第一点〈退出〉:选择标注起点

请给出标注第二点〈退出〉:选择引线位置

请给出文字线方向和长度〈退出〉:选择基线位置

请给出标注第一点〈退出〉:

实例 10-5　作法标注

生成的作法标注如图 10-13 所示。

【实例步骤】

（1）打开需要引出标注的图单击【引出标注】，显示对话框如图 10-12，在对话框中选择适当的选项，在文字框中分行输入"清水混凝土"，"垫层"，"灰土"，此时显示的对话框如图 10-14 所示，

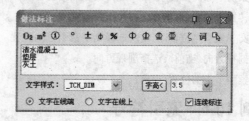

图 10-13　作法标注图　　　　　图 10-14　作法标注对话框图

然后在绘图区域点一下，命令行显示为：

请给出标注第一点〈退出〉:选择标注起点

请给出标注第二点〈退出〉:选择引线位置

请给出文字线方向和长度〈退出〉:选择基线位置

请给出标注第一点〈退出〉:

以上完成作法标注，绘制结果如图 10-13 所示。

（2）保存图形

命令：SAVEAS✓　　（将绘制完成的图形以"作法标注图.dwg"为文件名保存在指定的路径中）

10.2.4　索引符号

索引符号命令包括剖切索引号和指向索引号，夹点添加号圈，命令执行方式为：

命令行：SYFH

菜单：符号标注→索引符号

单击菜单命令后，显示对话框如图 10-15。

图 10-15　索引符号对话框图

首先在下侧选项中添加适当选择，选择"指向索引"和"剖切索引"两类，选择"指向索引"，在绘图区域中点一下，命令行显示为：

请给出索引节点的位置<退出>:选择索引点位置

请给出索引节点的范围<0.0>:

请给出转折点位置<退出>:选择转折点位置

请给出文字索引号位置<退出>:选择文字索引号的位置

请给出索引节点的位置<退出>:

选择"剖切索引"，在绘图区域中点一下，命令行显示为：

请给出索引节点的位置<退出>:选择索引点位置

请给出转折点位置<退出>:选择转折点位置

请给出文字索引号位置<退出>:选择文字索引号的位置

请给出剖视方向<当前>:选择剖视方向

请给出索引节点的位置<退出>:

实例 10-6　索引符号

立面图如图 10-16 所示。

图 10-16　立面图

索引符号后的标注如图 10-17 所示。

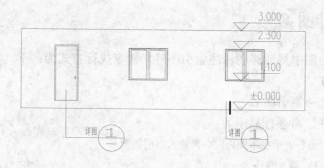

图 10-17　索引符号图

【实例步骤】

（1）打开需要索引符号的图 10-17，单击【索引符号】，显示对话框如图 10-15，选择"指向索引"，在对话框中选择适当的选项，选项填入内容如图 10-18 所示。

然后在绘图区域点一下，命令行显示为：

请给出索引节点的位置<退出>:选择门内一点

请给出索引节点的范围<0.0>:

请给出转折点位置<退出>:选择转折点位置

请给出文字索引号位置<退出>:选择文字索引号的位置

请给出索引节点的位置<退出>:

以上完成门的指向索引，绘制结果如图 10-17 所示。

选择"剖切索引"，在对话框中选择适当的选项，选项填入内容如图 10-19 所示。

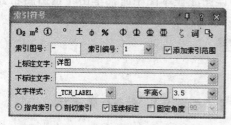

图 10-18　索引文字对话框图

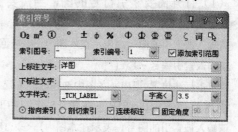

图 10-19　剖切索引对话框图

然后在绘图区域点一下，命令行显示为：

请给出索引节点的位置<退出>:选择地坪部分

请给出转折点位置<退出>:选择转折点位置

请给出文字索引号位置<退出>:选择文字索引号的位置

请给出剖视方向<当前>:点选剖视方向

请给出索引节点的位置<退出>:

以上完成地坪的剖切索引，绘制结果如图 10-17 所示。

（2）保存图形

命令：SAVEAS✓　（将绘制完成的图形以"索引符号图.dwg"为文件名保存在指定的路径中）

10.2.5　索引图名

索引图名命令为图中局部详图标注索引图号，命令执行方式为：

命令行：SYTM

菜单：符号标注→索引图名

单击菜单命令后，命令行显示为：

请输入被索引的图号(–表示在本图内) ⟨–⟩:输入索引的图号

请输入索引编号 ⟨1⟩:输入编号

请单击标注位置⟨退出⟩:选择标注位置

实例10-7　索引图名

索引图名后的标注如图10-20所示。

图10-20　索引图名图

【实例步骤】

（1）打开需要索引符号的图，当需要被索引的详图注在本图中时，单击【索引图名】，命令行显示为：

请输入被索引的图号(–表示在本图内) ⟨–⟩:回车选择本页

请输入索引编号 ⟨1⟩:1

请单击标注位置⟨退出⟩:在图中选择标注位置

当需要被索引的详图注在第15张图中时，单击【索引图名】，命令行显示为：

请输入被索引的图号(–表示在本图内) ⟨–⟩:15

请输入索引编号 ⟨1⟩:1

请单击标注位置⟨退出⟩:在图中选择标注位置

以上完成索引图名，绘制结果如图10-20所示。

（2）保存图形

命令：SAVEAS✓　（将绘制完成的图形以"索引图名图.dwg"为文件名保存在指定的路径中）

10.2.6　剖面剖切

剖面剖切命令可以在图中标注剖面剖切符号，允许标注多级阶梯剖，命令执行方式为：

命令行：PMPQ

菜单：符号标注→剖面剖切

单击菜单命令后，命令行显示为：

请输入剖切编号<1>：输入编号

单击第一个剖切点<退出>：选取第一点

单击第二个剖切点<退出>：选取剖线的第二点

单击下一个剖切点<结束>：选取转折第一点

单击下一个剖切点<结束>：选择结束点

单击下一个剖切点<结束>：回车结束

单击剖视方向<当前>：选择剖视方向

实例 10-8　剖面剖切

原有平面图如图 10-21 所示。

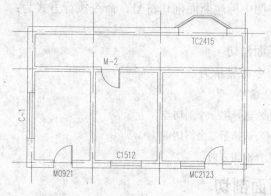

图 10-21　原有平面图

剖面剖切后的标注如图 10-22 所示。

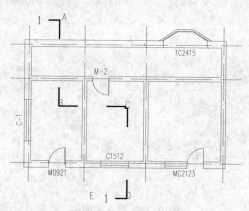

图 10-22　剖面剖切图

【实例步骤】

（1）打开需要剖面剖切的标注的图 10-21，单击【剖面剖切】，命令行显示为：

请输入剖切编号<1>：1

单击第一个剖切点<退出>：A

单击第二个剖切点<退出>:B

单击下一个剖切点<结束>:C

单击下一个剖切点<结束>:D

单击下一个剖切点<结束>:回车结束

单击剖视方向<当前>:E

以上完成剖面剖切的标注，绘制结果如图 10-22 所示。

（2）保存图形

命令：SAVEAS√　（将绘制完成的图形以"剖面剖切图.dwg"为文件名保存在指定的路径中）

10.2.7　断面剖切

断面剖切命令可以在图中标注断面剖切符号，命令执行方式为：

命令行：DMPQ

菜单：符号标注→断面剖切

单击菜单命令后，命令行显示为：

请输入剖切编号<1>:输入编号

单击第一个剖切点<退出>:选择第一个剖切点

单击第二个剖切点<退出>:选择第二个剖切点

单击剖视方向<当前>:选择剖切方向

实例 10-9　断面剖切

原有平面图如图 10-23 所示。

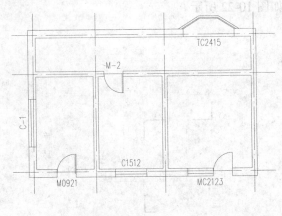

图 10-23　原有平面图

断面剖切后的标注如图 10-24 所示。

【实例步骤】

（1）打开需要断面剖切的标注的图 10-23，单击【断面剖切】，命令行显示为：

请输入剖切编号<1>:1

单击第一个剖切点<退出>:A

单击第二个剖切点<退出>:B

单击剖视方向<当前>:C

以上完成断面剖切的标注，绘制结果如图 10-24 所示。

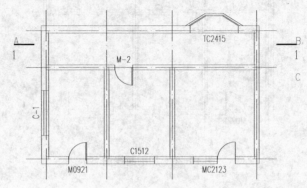

图 10-24 断面剖切图

（2）保存图形

命令：SAVEAS↙ （将绘制完成的图形以"断面剖切图.dwg"为文件名保存在指定的路径中）

10.2.8 加折断线

加折断线命令可以在图中绘制折断线，命令执行方式为：

命令行：JZDX

菜单：符号标注→加折断线

单击菜单命令后，命令行显示为：

单击折断线起点<退出>:选择折断线起点

单击折断线终点或［折断数目,当前=1(N)/自动外延,当前=开(O)]<退出>:选择折断线终点

实例 10-10 加折断线

原有平面图如图 10-25 所示。

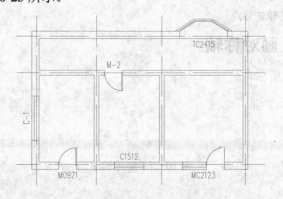

图 10-25 原有平面图

加折断线后的标注如图 10-26 所示。

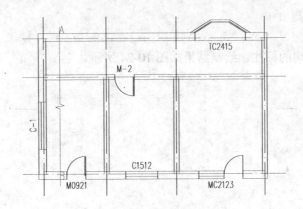

图 10-26　加剖断线图

【实例步骤】

（1）打开需要加折断线的标注的图 10-25，单击【加折断线】，命令行显示为：

单击折断线起点〈退出〉:选 A

单击折断线终点或 [折断数目,当前=1(N)／自动外延,当前=开(O)]〈退出〉:选 B

以上完成加折断线的标注，绘制结果如图 10-26 所示。

（2）保存图形

命令：SAVEAS✓　（将绘制完成的图形以"加折断线图.dwg"为文件名保存在指定的路径中）

10.2.9　画对称轴

画对称轴命令可以在图中绘制对称轴及符号，命令执行方式为：

命令行：HDCZ

菜单：符号标注→画对称轴

单击菜单命令后，命令行显示为：

起点或 [参考点(R)]〈退出〉:选择对称轴的起点

终点〈退出〉:选择对称轴的端点

实例 10-11　画对称轴

对称轴如图 10-27 所示。

图 10-27　对称轴图

【实例步骤】

（1）打开需要加对称轴的图，单击【画对称轴】，命令行显示为：

起点或［参考点(R)]〈退出〉:选 A

终点〈退出〉:选 B

以上完成画对称轴的标注,绘制结果如图 10-27 所示。

（2）保存图形

命令: SAVEAS↙　（将绘制完成的图形以"画对称轴图.dwg"为文件名保存在指定的路径中）

10.2.10　画指北针

画指北针命令可以在图中绘制指北针,命令执行方式为:

命令行: HZBZ

菜单: 符号标注→画指北针

单击菜单命令后,命令行显示为:

指北针位置〈退出〉:选择指北针的插入位置

指北针方向〈90.0〉:选择指北针的方向或角度,以 x 轴正向为 0 起始,逆时针转为正

实例 10-12　画指北针

指北针如图 10-28 所示。

图 10-28　指北针图

【实例步骤】

（1）打开需要加指北针的图,单击【画指北针】,命令行显示为:

指北针位置〈退出〉:选择指北针的插入点

指北针方向〈90.0〉:75

以上完成加指北针的标注,绘制结果如图 10-28 所示。

（2）保存图形

命令: SAVEAS↙　（将绘制完成的图形以"画指北针图.dwg"为文件名保存在指定的路径中）

10.2.11　图名标注

图名标注命令可以在图中以一个整体符号对象标注图名比例,命令执行方式为:

命令行: TMBZ

菜单: 符号标注→图名标注

单击菜单命令后,显示对话框如图 10-29 所示,

图 10-29 图名标注对话框

在此对话框中选择合适的选项，在绘图区单击左键，命令行显示为：

请单击插入位置<退出>:单击图名标注的位置

实例 10-13 图名标注

图名标注如图 10-30 所示。

立面图 1:100　　　立面图 1:100

图 10-30 图名标注图

【实例步骤】

（1）打开需要图名标注的图，单击【图名标注】，显示对话框如图 10-29 所示，在对话框中选择国标方式，命令行显示为：

请单击插入位置<退出>:单击图名标注的位置

显示的图形如图 10-30 中左侧所示。在对话框中选择传统方式，命令行显示为：

请单击插入位置<退出>:单击图名标注的位置

显示的图形如图 10-30 中左侧所示。

（2）保存图形

命令：SAVEAS✓ （将绘制完成的图形以"图名标注图.dwg"为文件名保存在指定的路径中）

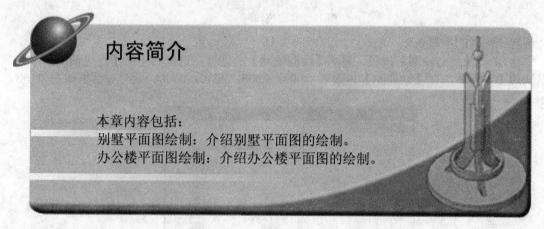

11

C H A P T E R

绘制平面图

内容简介

本章内容包括：
别墅平面图绘制：介绍别墅平面图的绘制。
办公楼平面图绘制：介绍办公楼平面图的绘制。

11.1 别墅平面图绘制

本节用一个简单实例综合运用前面几章介绍的命令，详细介绍绘制平面图的绘制方法。

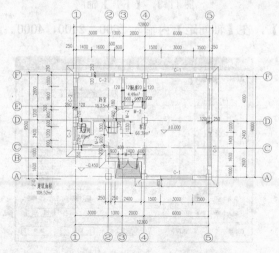

图 11-1 别墅平面图

11.1.1 定位轴网

图 11-1 所示的别墅平面图对应的图 11-2 的定位轴网。

图 11-2　定位轴网

画定位轴网的步骤如下：

（1）单击【绘制轴网】按钮，显示【绘制轴网】对话框，选择其中的【直线轴网】，选择默认的【下开】，在【轴间距】内输入 3000，1300，2000，6000。此时对话框如图 11-3 所示。

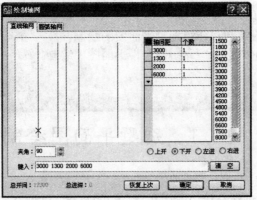

图 11-3　【下开】轴网

（2）选择【左进】，在【轴间距】内输入 2600，2400，4000。此时对话框如图 11-4 所示。

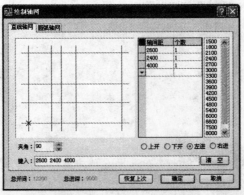

图 11-4　【左进】轴网

（3）选择【确定】，退出对话框，在屏幕左下方单击，完成定位轴网，如图 11-1 所示。

11.1.2 编辑轴网

对轴网的编辑包括添加、删除、修剪等。这些操作可以用 AutoCAD 命令实现。本图需要添加轴线，也可以用天正提供的菜单命令实现。轴网如图 11-5 所示，添加后的轴网为 11-5 所示。

添加轴线的步骤如下：

（1）单击【添加轴线】按钮，按照命令行显示选择轴线 A，向上偏移 1600，为轴线 C。同上，命令选择轴线 B，向上偏移 1200，为轴线 D。此时轴线如图 11-6 所示。

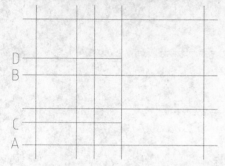

图 11-5 编辑轴网

图 11-6 添加轴线

（2）修剪轴网后如图 11-5。

11.1.3 标注轴网

本图的轴号可以用两点轴标命令实现。两点轴标命令可以自动将纵向轴线以数字作轴号，横向轴网以字母作轴号。生成的标注轴网为 11-7 所示。

标注轴网的步骤如下：

（1）单击【两点轴标】按钮，显示【轴网标注】对话框，如图 11-8 所示。

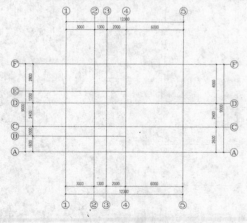

图 11-7 标注轴网

图 11-8 【轴网标注】对话框

在对话框中输入"起始轴号"为 1，在对话框中选择标注双侧轴标，在图中选择轴线为从左至右，如图 11-9 所示。

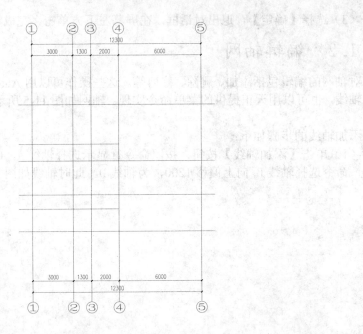

图 11-9　纵向轴标

（2）单击【两点轴标】按钮，在对话框中输入"起始轴号"为 A，在对话框中选择标注双侧轴标，在图中选择纵向轴线的从下至上两侧的轴线，如图 11-7 所示。

11.1.4　绘制墙体

绘制墙体命令可以在轴线的基础上生成墙体。生成的墙体为 11-10 所示。

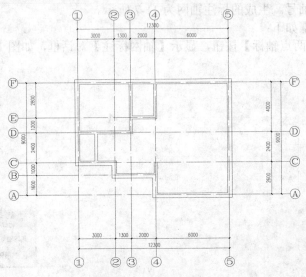

图 11-10　绘制墙体

绘制墙体的步骤如下：

（1）单击【绘制墙体】按钮，在【绘制墙体】对话框中输入相应的外墙数据，如图 11-11所示。

选择建筑物外墙的角点顺序连接，形成如图 11-12 所示的外墙形状。

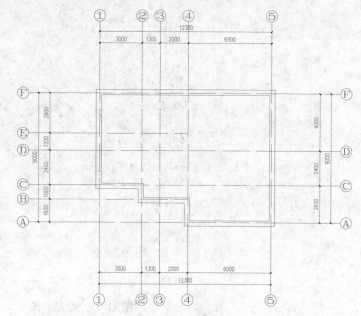

图 11-11　确定外墙数据

图 11-12　绘制外墙

（2）单击【绘制墙体】按钮，在【绘制墙体】对话框中输入相应的内墙数据，如图 11-13 所示。

选择建筑物内墙的角点顺序连接，形成如图 11-14 所示的内墙形状。

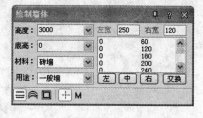

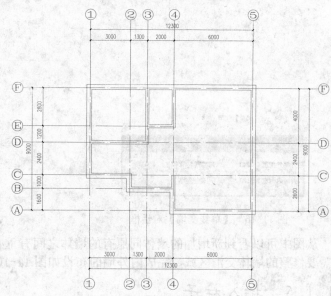

图 11-13　确定内墙数据

图 11-14　绘制内墙

（3）在卫生间与楼梯之间增加隔墙一道，可选用【单线变墙】命令。在轴线层的新增墙体位置画一条单线，如图 11-15 所示。

单击【单线变墙】按钮，显示对话框如图 11-16 所示。

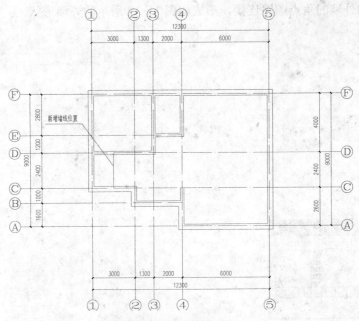

图 11-15　绘制单线

然后单击绘图区域，点选需要绘制墙体的单线。形成图 11-17 所示。

图 11-17　单线变墙

图 11-16　【单线变墙】对话框

从图中可以看到新增加的墙体同原有的墙体之间有重叠区域，最后用【修墙角】命令框选需要修整的墙体交汇区域，完成内外墙的布设如图 11-10 所示。

11.1.5　插入柱子

插入的柱子分为标准柱、角柱、构造柱和异形柱。生成的柱子为 11-18 所示。

插入柱子的步骤如下：

（1）单击【标准柱】按钮，在【标准柱】对话框中输入相应的柱子数据，如图 11-19 所示。

（2）在绘图区域单击，选择建筑物需要设置柱子的轴线交点，形成如图 11-18 所示的插入柱子的形式。

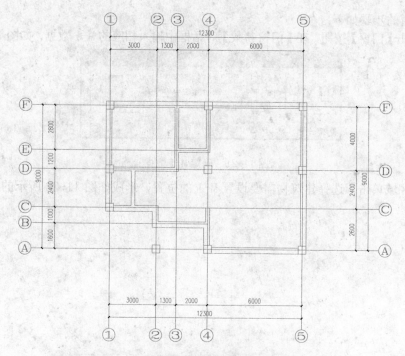

图 11-18 插入柱子

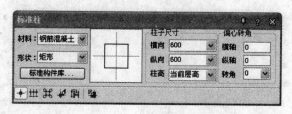

图 11-19 确定柱子数据

11.1.6 插入门窗

门窗可分为很多种，本例仅对常用的形式普通门窗插入。生成的插入门窗为 11-20 所示。

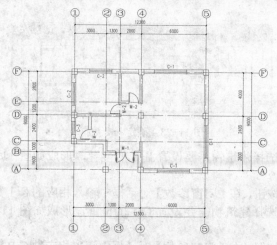

图 11-20 插入门窗

插入门窗的步骤如下：

（1）单击【门窗】按钮，在【门窗参数】对话框中输入相应的 M-1 数据，如图 11-21 所示。

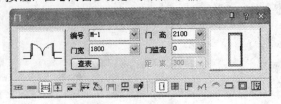

图 11-21　确定 M-1 数据

在绘图区域单击，选择建筑物需要设置 M-1 的位置，形成如图 11-22 所示的插入 M-1 的形式。

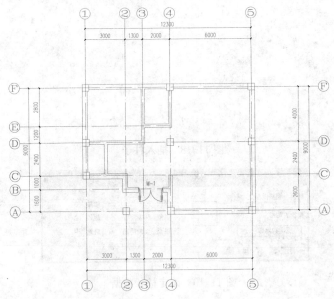

图 11-22　插入 M-1

（2）单击【门窗】按钮，在【门窗参数】对话框中输入相应的 M-2 数据，如图 11-23 所示。

图 11-23　确定 M-2 数据

在绘图区域单击，选择建筑物需要设置 M-2 的位置，形成如图 11-24 所示的插入 M-2 的形式。

（3）单击【门窗】按钮，在【门窗参数】对话框中输入相应的 C-1 数据，如图 11-25 所示。

在绘图区域单击，选择建筑物需要设置 C-1 的位置，形成如图 11-26 所示的插入 C-1 的形式。

（4）单击【门窗】按钮，在【门窗参数】对话框中输入相应的 C-2 数据，如图 11-27 所示。

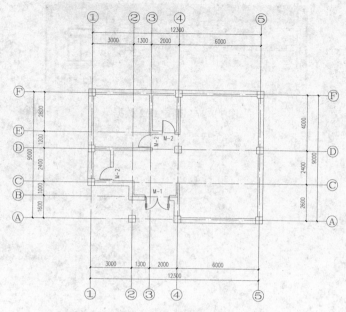

图 11-24　插入 M-2

图 11-25　确定 C-1 数据

　　在绘图区域单击，选择建筑物需要设置 C-2 的位置，形成如图 11-28 所示的插入 C-2 的形式。

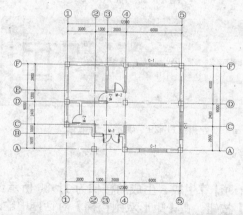

图 11-26　插入 C-1

　　（5）单击【门窗】按钮，在【门窗参数】对话框中输入相应的 C-3 数据，如图 11-29 所示。
　　在绘图区域单击，选择建筑物需要设置 C-3 的位置，形成如图 11-20 所示的插入 C-3 的形式。由此完成插入门窗的工作。

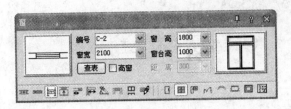

图 11-27　确定 C-2 数据

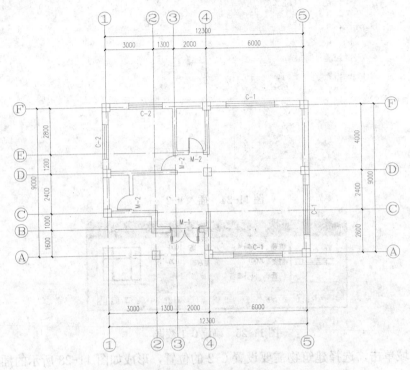

图 11-28　插入 C-2

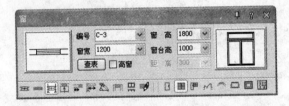

图 11-29　确定 C-3 数据

11.1.7　插入楼梯

插入的楼梯可由天正自动计算生成。生成的楼梯为 11-30 所示。插入楼梯的步骤如下：

（1）单击【双跑楼梯】按钮，在【矩形双跑楼梯】对话框中输入相应的楼梯数据，如图 11-31 所示。

在【楼梯高度】中选取层高 3000，点【梯段宽】在图中选取楼梯间的内部净尺寸。其余数据的选取见图中所示即可。

（2）在绘图区域单击，根据命令行提示选择楼梯的插入点，形成如图 11-30 所示的插入楼梯的形式。

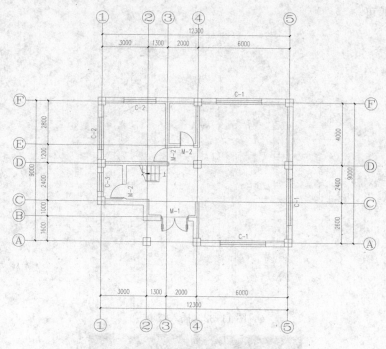

图 11-30　插入楼梯

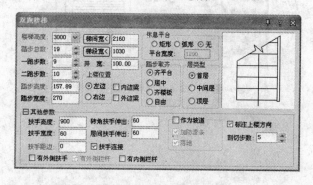

图 11-31　确定楼梯数据

11.1.8　插入坡道

坡道可以直接用天正绘制而成。生成的坡道为 11-32 所示。插入坡道的步骤如下：

（1）单击【坡道】按钮，在【坡道】对话框中输入相应的坡道数据，如图 11-33 所示。

在【坡道高度】中选取内外高差 450，在【坡道宽度】中选取门口的宽度加两侧的边坡宽度的和 2400。其余数据的选取见图中所示即可。

（2）在绘图区域单击，根据命令行提示选择坡道的插入点，形成如图 11-32 所示的插入坡道的形式。

11.1.9　绘制散水

散水可以直接用天正自动绘制而成。生成的散水为 11-34 所示。绘制散水的步骤如下：

（1）单击【散水】按钮，在【散水】对话框中输入相应的散水数据，如图 11-35 所示。

在【室内外高差】中选取内外高差 450，在【散水宽度】中选取 600 宽。其余数据的选取见图中所示即可。

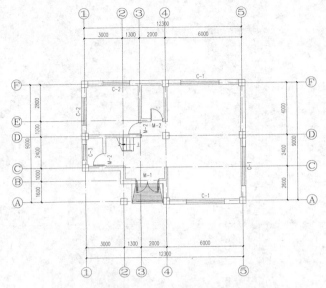

图 11-32　插入坡道

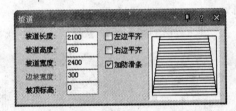

图 11-33　确定坡道数据

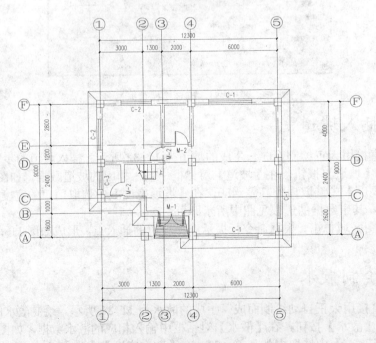

图 11-34　绘制散水

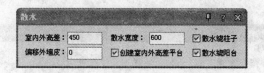

图 11-35　确定散水数据

（2）在绘图区域单击，根据命令行提示选择建筑物的封闭外墙，形成如图 11-34 所示的散水的形式。

11.1.10　布置洁具

卫生间洁具可以直接用天正图库自动绘制而成。生成的洁具为 11-36 所示。

布置洁具的步骤如下：

（1）单击【布置洁具】按钮，在【天正洁具】对话框中选择相应的洁具，本例选择坐便器 06，如图 11-37 所示。

（2）双击所选择的洁具，显示对话框【布置坐便器 06】如图 11-38 所示。在相应对话框中填入相应的数据如图中所示。

（3）在绘图区域单击，根据命令行提示选择卫生间相应的墙线，形成如图 11-36 所示的布置洁具的形式。

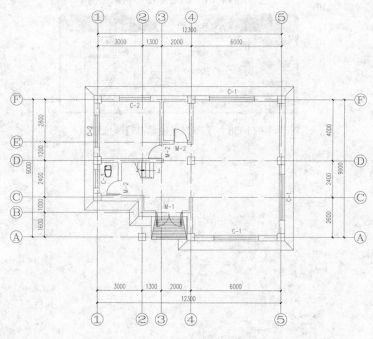

图 11-36　布置洁具

11.1.11　房间标注

绘制房屋的信息可以直接用天正自动绘制而成，比如室内面积，房间编号等，本例中只生成室内面积。生成的房间标注为 11-39 所示。生成房间信息的步骤如下：

（1）单击【搜索房间】按钮，在【搜索房间】对话框中输入相应的选择项目，如图 11-40 所示。

（2）在绘图区域单击，根据命令行提示选择框选建筑物所有墙体，形成如图 11-41 所示的房间标注的信息。

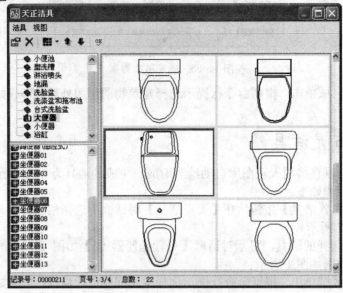

图 11-37　确定坐便器数据

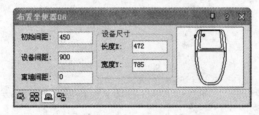

图 11-38　【布置坐便器 06】对话框

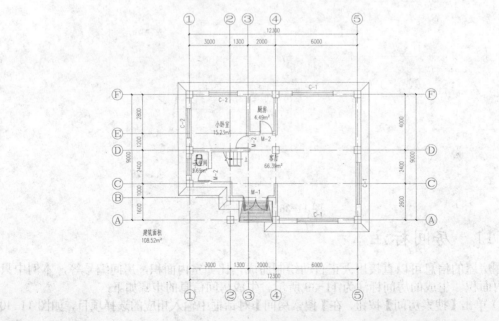

图 11-39　房间标注

图 11-40　确定房间标注数据

（3）通过在位编辑命令，双击需要修改名称的房间，直接改名字，具体方式不详述。最终形成如图 11-38 所示的房间标注的信息。

11.1.12　尺寸标注

尺寸标注在本图中主要是明确具体的建筑构件的平面尺寸。生成的尺寸标注为 11-42 所示。

生成尺寸的步骤如下：

（1）单击【尺寸标注】按钮，根据命令行提示选择尺寸标注的门窗所在的墙线，自动生成门窗标注，如图 11-43 所示。

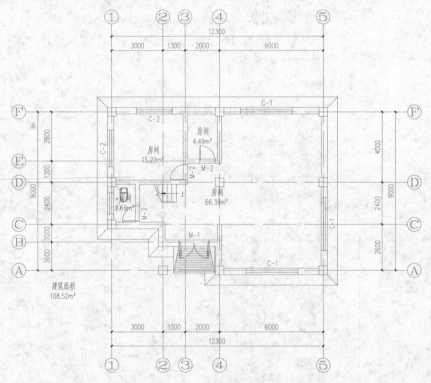

图 11-41　确定房间标注数据

自动生成尺寸标注比较乱，可以通过 AutoCAD 命令进行移动，最终形成的门窗标注形式如图 11-44 所示。

（2）单击【墙厚标注】按钮，根据命令行提示选择标注的墙线，自动生成墙厚标注，如图 11-45 所示。

（3）其他部位的标注可以采用【逐点标注】，直接标注尺寸，具体方式不详述。最终形成如图 11-42 所示的尺寸标注的信息。

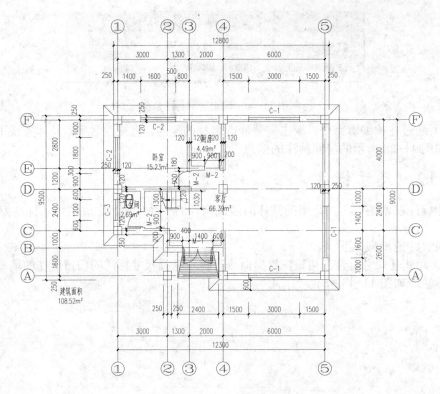

图 11-42　尺寸标注

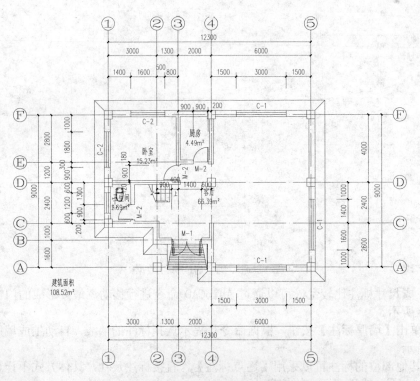

图 11-43　自动生成的门窗标注

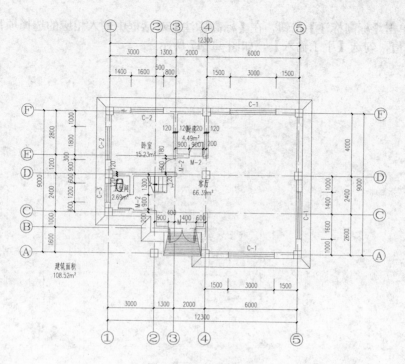

图 11-44　门窗标注

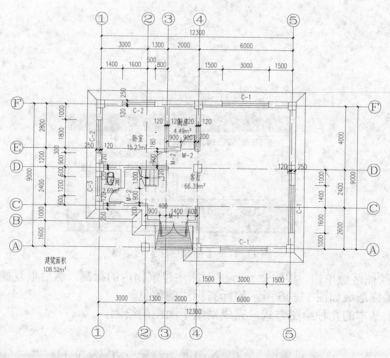

图 11-45　墙厚标注

11.1.13　标高标注

标高标注在本图中主要是明确建筑内外的平面高差。生成的标高标注为 11-46 所示。生成标高标注的步骤如下：

（1）单击【标高标注】按钮，在【标高标注】对话框中输入相应的选择项目，标高栏中输入标高数值，勾选【手工输入】，如图 11-47 所示。

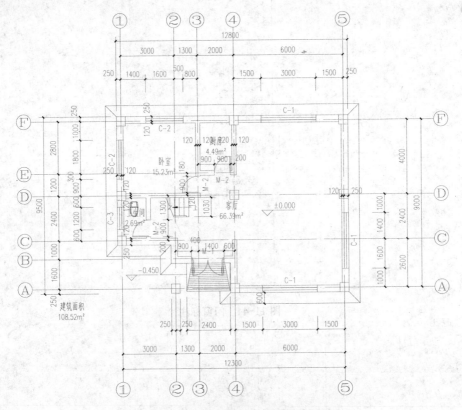

图 11-46　标高标注

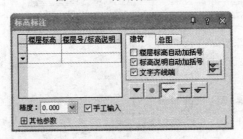

图 11-47　【标高标注】对话框

（2）在绘图区域单击，根据命令行提示标注建筑物内的标高。然后重复操作标注建筑物外的标高。最终形成如图 11-46 所示的标高标注的信息。

通过以上基本的几种绘图方式，完成别墅平面图的绘制。

11.2　办公楼平面图绘制

本节从一个比较综合办公楼的绘制入手，综合运用天正命令和 AutoCAD 命令完善图样的生成过程。办公楼平面例图如图 11-48 所示。

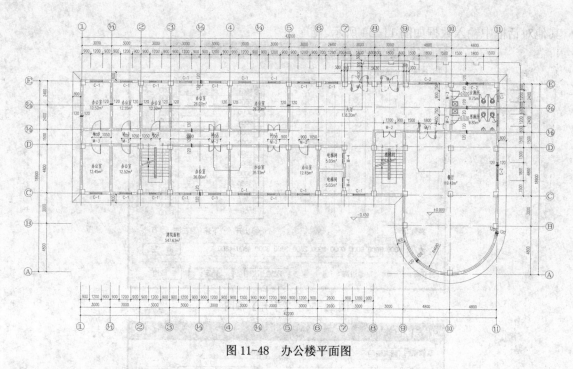

图 11-48 办公楼平面图

11.2.1 定位轴网

图 11-2 所示的办公楼平面图对应的图 11-49 的定位轴网。

画定位轴网的步骤如下：

（1）单击【绘制轴网】按钮，显示【绘制轴网】对话框，选择其中的【直线轴网】，选择默认的【下开】，在【轴间距】内输入 6000、3000、6000、6000、3000、2600、3000、3000、4800、4800。此时对话框如图 11-50 所示。

图 11-49 定位轴网

（2）选择【左进】，在【轴间距】内输入 4800、3000、5100、6300。此时对话框如图 11-51 所示。

（3）选择【确定】，退出对话框，在屏幕左下方单击，完成直线定位轴网，如图 11-52 所示。

（4）单击【绘制轴网】按钮，显示【绘制轴网】对话框，选择其中的【圆弧轴网】，勾选【圆心角】和【顺时针】两种方式，在【轴夹角】内输入 180，个数输入 1。其他对话框中输入数据如图 11-53 所示。

勾选【进身】方式，在【轴间距】内输入 4800，个数输入 1，【插入点】选择轴线交点，其他对话框中输入数据如图 11-54 所示。

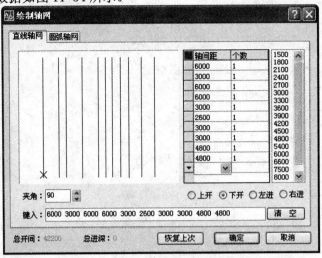

图 11-50 【下开】轴网

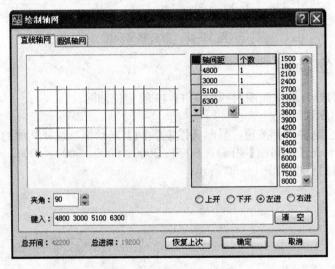

图 11-51 【左进】轴网

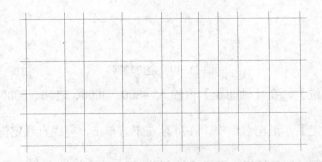

图 11-52 直线轴网

（5）选择【确定】，退出对话框，在屏幕中选择轴线交点单击，完成定位轴网，如图
11-1 所示。

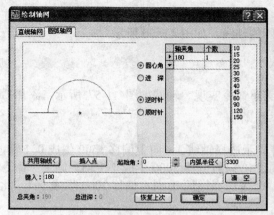

图 11-53　定位【圆弧轴网】步骤一　　　　图 11-54　定位【圆弧轴网】步骤二

11.2.2　标注轴网

本图的轴号可以用两点轴标命令实现。两点轴标命令可以自动将纵向轴线以数字作轴号，横向轴网以字母作轴号。生成的标注轴网为 11-55 所示。

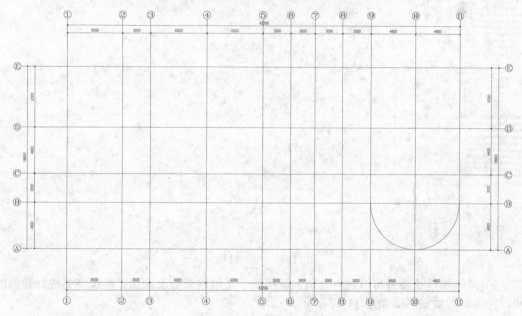

图 11-55　标注轴网

标注轴网的步骤如下：

（1）单击【两点轴标】按钮，显示【轴网标注】对话框，如图 11-56 所示。

图 11-56　【轴网标注】对话框

在对话框中输入"起始轴号"为 1，在对话框中选择标注双侧轴标，在图中选择轴线为从左至右，如图 11-57 所示。

（2）单击【两点轴标】按钮，在对话框中输入"起始轴号"为A，在对话框中选择标注双侧轴标，在图中选择纵向轴线的从下至上两侧的轴线，如图11-56所示

11.2.3　添加轴线

本图例需要添加轴线，可以用天正提供的菜单命令实现。轴网如图11-57所示，添加后的轴网如11-58所示。

添加轴线的步骤如下：

（1）单击【添加轴线】按钮，按照命令行显示选择轴线A，向上偏移1500生成D-1轴，向上偏移3900生成D-2轴。同上，命令选择轴线B，向右偏移3000生成1-1轴。同上，命令选择轴线C，向右偏移3000生成1-3轴。同上，命令选择轴线D，向右偏移3000生成1-4。此时轴线如图11-59所示。

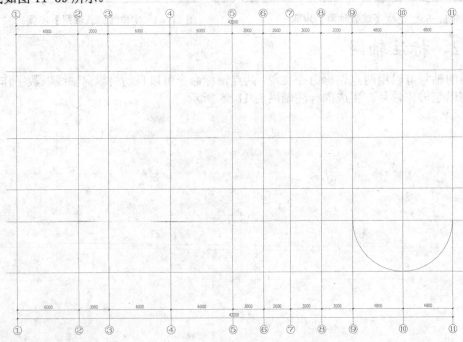

图11-57　纵向轴标

（2）对轴线过长部分可以进行修剪，就用到了【轴线裁剪】按钮，框选需要进行裁剪的轴线，完成裁剪后轴网后如图11-57所示。

11.2.4　绘制墙体

绘制墙体大部分用到的方式就是在轴线的基础上用天正方式生成墙体，可以方便以后操作中对墙体进行编辑。生成的墙体为11-60所示。绘制墙体的步骤如下：

（1）单击【绘制墙体】按钮，在【绘制墙体】对话框中输入相应的外墙数据，如图11-61所示。

选择建筑物外墙的角点顺序连接，注意在选择弧墙时根据命令行提示进行操作，最终形成如图11-62所示的外墙形状。

（2）单击【绘制墙体】按钮，在【绘制墙体】对话框中输入相应的内墙数据，如图11-63所示。

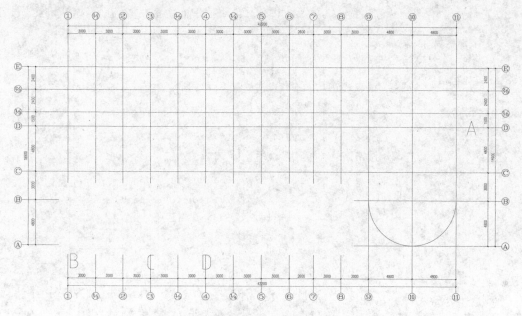

图 11-58　添加后轴网

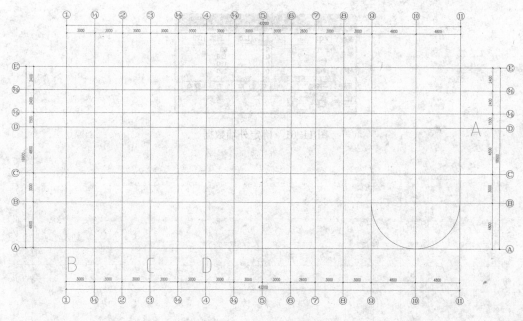

图 11-59　添加轴线

选择建筑物内墙的角点顺序连接，形成如图 11-64 所示的墙体形状。

（3）在两个电梯之间增加隔墙一道，可选用【单线变墙】命令。在轴线层的新增墙体位置画一条单线，然后单击【单线变墙】命令，生成【单线变墙】对话框，在对话框中选择适当的数据如图 11-65 所示。

然后单击绘图区域，点选需要绘制墙体的单线。形成图 11-66 所示。

从图中可以看到新增加的墙体同原有的墙体之间有重叠区域，最后用【修墙角】命令框选需要修整的墙体交汇区域，完成内外墙的布设如图 11-48 所示。

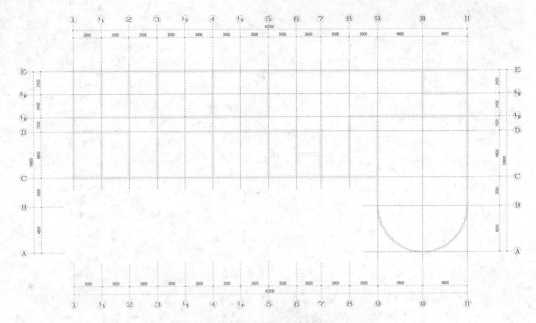

图 11-60　绘制墙体

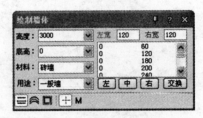

图 11-61　确定外墙数据

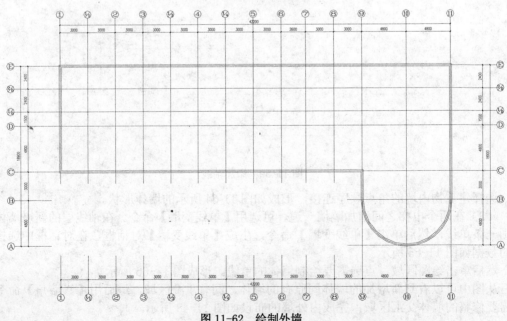

图 11-62　绘制外墙

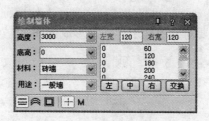

图 11-63 确定内墙数据

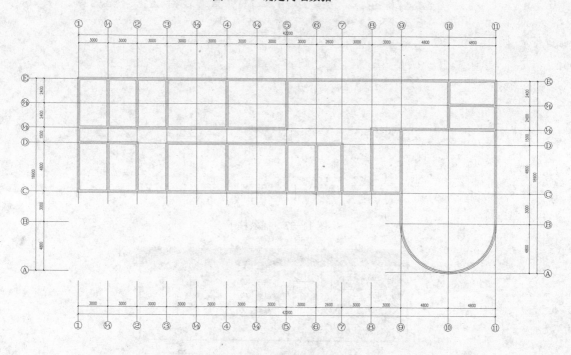

图 11-64 绘制内墙

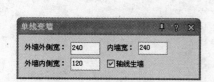

图 11-65 【单线变墙】对话框

图 11-66 单线变墙

11.2.5 插入柱子

本例中插入的柱子为标准柱。生成的柱子为 11-67 所示。

插入柱子的步骤如下：

（1）单击【标准柱】按钮，在【标准柱】对话框中输入相应的柱子数据，如图 11-68 所示。

（2）在绘图区域单击，选择建筑物需要设置柱子的轴线交点，形成如图 11-69 所示的插入柱子的形式。

（3）此时图中柱子突出墙线，可以采用【柱齐墙边】按钮，根据命令行提示选择建筑物需要对齐的墙边，然后选择需要对齐的柱子，最终形成如图 11-70 所示的形式。

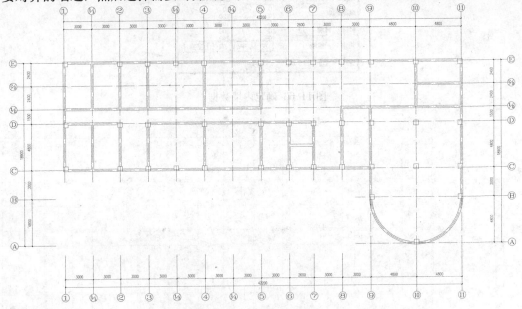

图 11-67　插入柱子

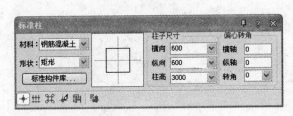

图 11-68　确定柱子数据

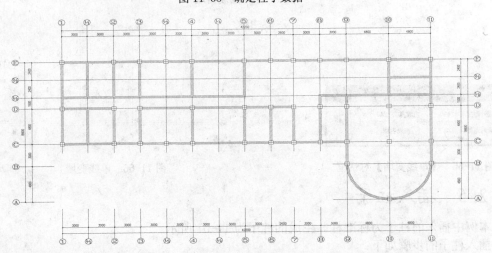

图 11-69　插入柱子

11.2.6 插入门窗

门窗可以分为很多种，生成的插入门窗如 11-70 所示。

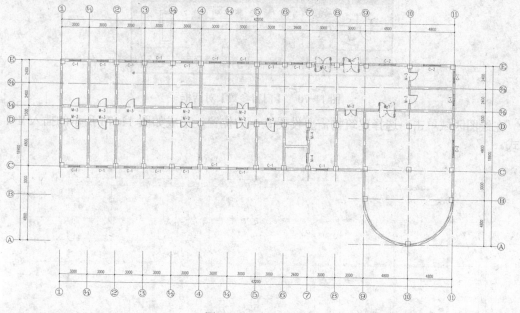

图 11-70　插入门窗

插入门窗的步骤如下：

（1）单击【门窗】按钮，在【门窗参数】对话框中输入相应的双扇弹簧门 M-1 数据，如图 11-71 所示。图中左侧门的形式，与本例中要求的双扇弹簧门不一致，此时选择单击左侧门，显示对话框如图 11-72 所示。

图 11-71　确定 M-1 数据

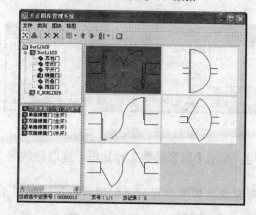

图 11-72　确定 M-1 形状

双击选择的双扇弹簧门，显示【门窗参数】对话框，选取轴线等分插入方式，如图 11-73 所示。

图 11-73　【门窗参数】对话框

在绘图区域单击，选择建筑物需要设置 M-1 的位置，形成如图 11-74 所示的插入 M-1 的形式。

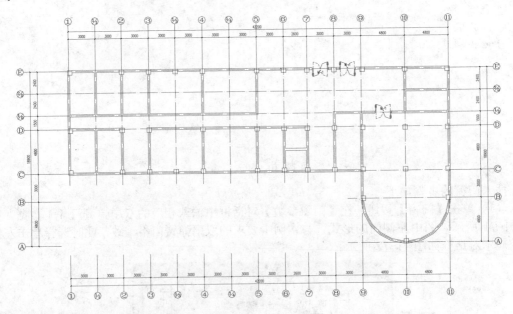

图 11-74　插入 M-1

（2）单击【门窗】按钮，在【门窗参数】对话框中输入相应的 M-2 数据，如图 11-75 所示。图中左侧门的形式，与本例中要求的双扇平开门不一致，此时选择单击左侧门，显示对话框如图 11-76 所示。

图 11-75　确定 M-2 数据

双击选择的双扇平开门，显示【门窗参数】对话框，选取轴线等分插入方式，如图 11-77 所示。

在绘图区域单击，选择建筑物需要设置 M-2 的位置，形成如图 11-78 所示的插入 M-2 的形式。

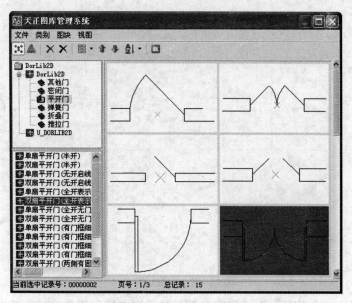

图 11-76　确定 M-2 形状

图 11-77　【门窗参数】对话框

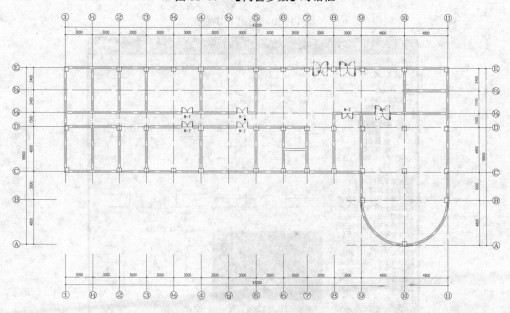

图 11-78　插入 M-2

　　图中 M-2 开启方式均采用内开的方式，此时用到了【内外翻转】按钮，根据命令行的提示进行门的内外翻转，最终形成的如图 11-79 所示。

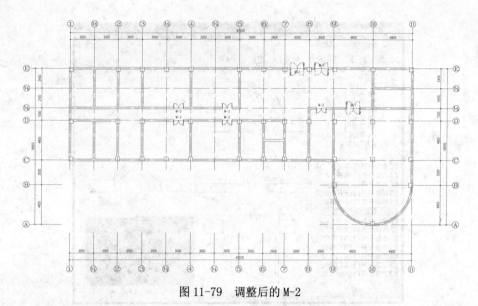

图 11-79　调整后的 M-2

（3）单击【门窗】按钮，在【门窗参数】对话框中输入相应的 M-3 数据，如图 11-80 所示。图中左侧门的形式，与本例中要求的单扇平开门不一致，此时选择单击左侧门，显示对话框如图 11-81 所示。

图 11-80　确定 M-3 数据

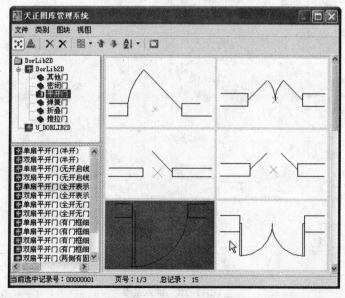

图 11-81　确定 M-3 形状

双击选择的单扇平开门，此时显示【门窗参数】对话框，选取轴线等分插入方式，如图

11-82 所示。

图 11-82 【门窗参数】对话框

在绘图区域单击，选择建筑物需要设置 M-3 的位置，形成如图 11-83 所示的插入 M-3 的形式。

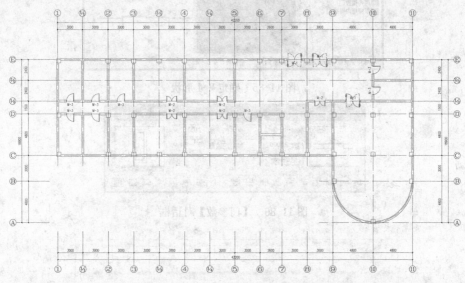

图 11-83 插入 M-3

（4）输入电梯门，单击【门窗】按钮，在【门窗参数】对话框中输入相应的 M-4 数据，如图 11-84 所示。图中左侧门的形式为平开门，与本例中要求的电梯门不一致，此时选择单击左侧门，显示对话框如图 11-85 所示。

图 11-84 确定 M-4 数据

双击选择的中分电梯门，此时显示【门参数】对话框，选取轴线等分插入方式，如图 11-86 所示。

在绘图区域单击，选择建筑物需要设置 M-4 的位置，形成如图 11-87 所示的插入 M-4 的形式。

（5）单击【门窗】按钮，在【门参数】对话框中输入相应的 C-1 数据，如图 11-88 所示。

在绘图区域单击，选择建筑物需要设置 C-1 的位置，形成如图 11-89 所示的插入 C-1 的形式。

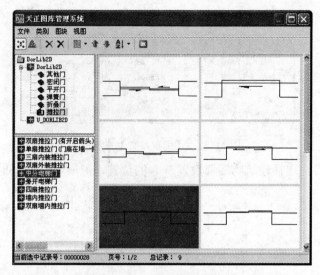

图 11-85　确定 M-4 形状

图 11-86　【门参数】对话框

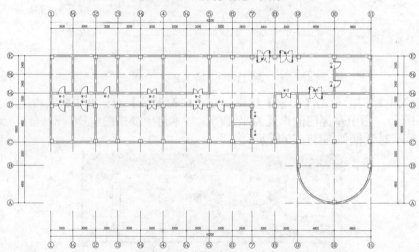

图 11-87　插入 M-4

图 11-88　确定 C-1 数据

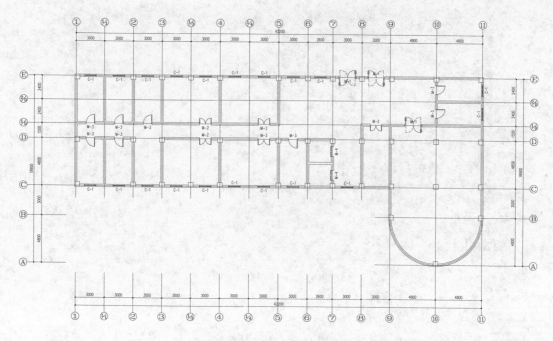

图 11-89　插入 C-1

（6）单击【门窗】按钮，在【窗参数】对话框中输入相应的 C-2 数据，如图 11-90 所示。

图 11-90　确定 C-2 数据

在绘图区域单击，选择建筑物需要设置 C-2 的位置，形成如图 11-69 所示的插入 C-2 的形式。由此完成插入门窗的工作。

11.2.7　插入楼梯

办公楼中有两个形式一样的楼梯，本例具体操作一个楼梯的生成过程。生成的楼梯为 11-91 所示。

插入楼梯的步骤如下：

（1）单击【双跑楼梯】按钮，在【矩形双跑楼梯】对话框中输入相应的楼梯数据，如图 11-92 所示。

在【楼梯高度】中选取层高 3000，点【梯段宽】在图中选取楼梯间的内部净尺寸，【踏板总数】中选择 20，【踏板高度】中选择 150，【踏板宽度】中选择 300，【休息平台】中选择无，【扶手高度】中选择 1100，【扶手宽度】中选择 60，【踏步取齐】中选择齐楼板方式，【上楼位置】中选择右边，【层类型】中选择中间层，其余数据的选取如图 11-93 所示。

（2）在绘图区域单击，根据命令行提示选择楼梯的插入点，形成如图 11-94 所示的插入楼梯的形式。

（3）同样操作完成右侧的楼梯插入，如图 11-91 所示。

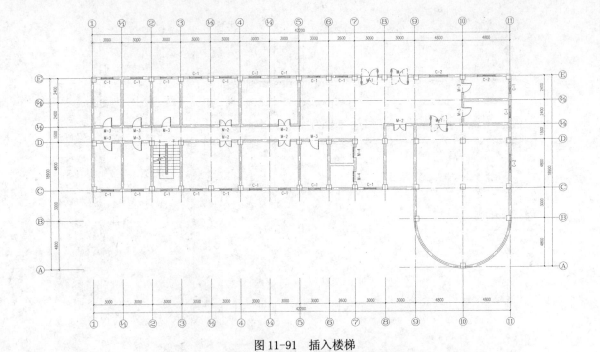

图 11-91　插入楼梯

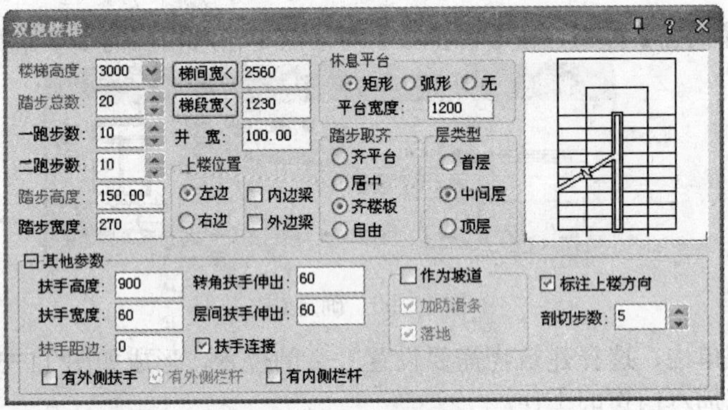

图 11-92　【矩形双跑楼梯】对话框

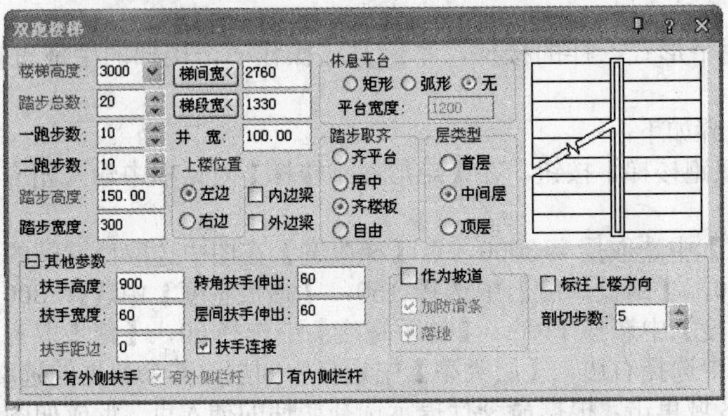

图 11-93　【矩形双跑楼梯】对话框输入数据

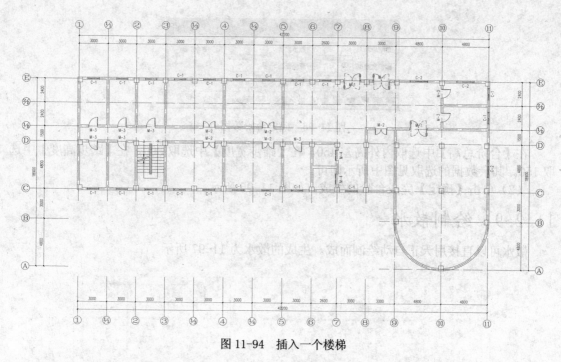

图 11-94　插入一个楼梯

11.2.8　插入台阶

本例中的台阶位于大门口处，可以直接用天正绘制而成。生成的台阶为 11-95 所示。

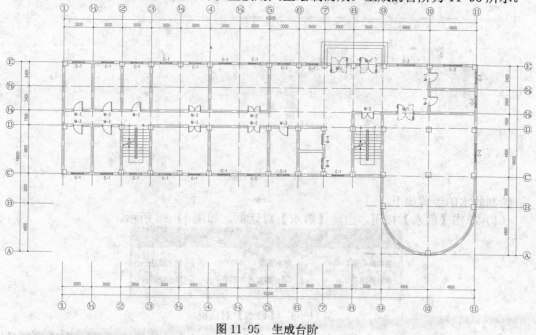

图 11-95　生成台阶

插入台阶的步骤如下：

（1）单击【台阶】按钮，根据命令行提示输入台阶上平面的尺寸，选取相邻的墙体，此时出现【台阶】对话框中输入相应的台阶数据，如图 11-96 所示。

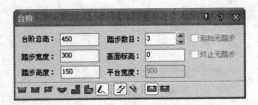

图 11-96　确定台阶数据

在【台阶总高】中选取内外高差 450，在【踏步宽度】中选取 300，在【踏步高度】中选取 150。其余数据的选取见图中所示即可。

（2）单击【确定】完成台阶的生成，如图 11-95 所示。

11.2.9　绘制散水

散水可以直接用天正自动绘制而成。生成的散水为 11-97 所示。

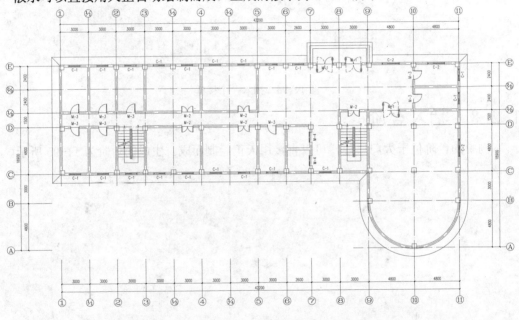

图 11-97　绘制散水

绘制散水的步骤如下：

（1）单击【散水】按钮，出现【散水】对话框，如图 11-98 所示。

图 11-98　【散水】对话框

在【室内外高差】中选取内外高差 450，在【散水宽度】中选取 800 宽，在【偏移外墙皮】中选取 0 宽，勾选【创建室内外高差平台】选项，最终结果如图 11-99 所示。

（2）在绘图区域单击，根据命令行提示选择建筑物的封闭外墙，形成如图 11-96 所示的散水的形式。

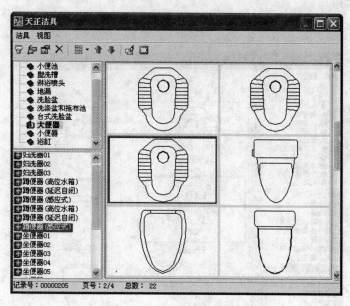

图 11-99 对话框输入数据

11.2.10 布置洁具

卫生间洁具可以直接用天正图库自动绘制而成。生成的洁具为 11-100 所示。

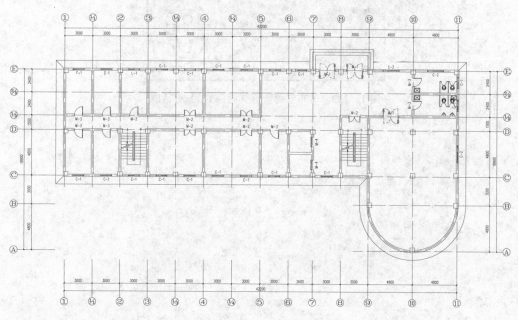

图 11-100 布置洁具

布置洁具的步骤如下:

（1）单击【布置洁具】按钮，在【天正洁具】对话框中选择相应的洁具，本例选择大便器中蹲便器（感应式）。如图 11-101 所示。

然后双击所选择的蹲便器，显示对话框【布置蹲便器（感应式）】如图 11-102 所示。

在相应对话框中的数据可保持不变，也可以进行修改，本例为保持不变。在绘图区域单击，根据命令行提示选择卫生间相应的墙线，在男女厕所各布置两个蹲便器，形成如图 11-103 所示的形式。

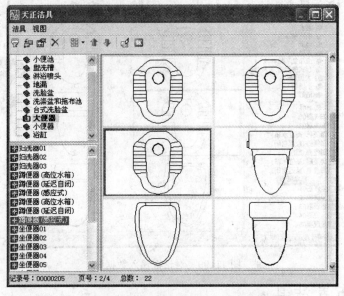

图 11-101　【天正洁具】对话框

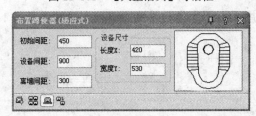

图 11-102　【布置蹲便器（感应式）】对话框

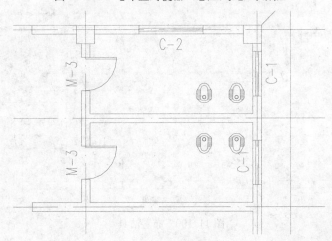

图 11-103　布置蹲便器

（2）单击【布置隔断】按钮，然后根据命令行提示直线选取两个蹲便器，后根据提示的隔断尺寸进行修正，然后回车完成布置隔断任务。进行重复操作，形成如图 11-104 所示。

在男厕所的隔断门可改为向内开。此时用到的按钮为【门窗】中的【内外翻转】，单击此按钮，然后在图中选择需要进行内外翻转的门，即可完成操作，如图 11-105 所示。

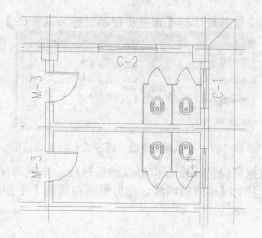

图 11-104　布置隔断

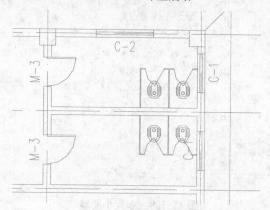

图 11-105　隔断门内外翻转

（3）单击【布置洁具】按钮，在【天正洁具】对话框中选择相应的洁具，本例选择小便器中小便器（感应式）02。如图 11-106 所示。

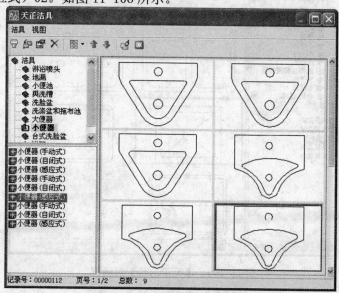

图 11-106　【天正洁具】对话框

双击所选择的小便器，显示对话框【布置小便器（感应式）02】如图 11-107 所示。

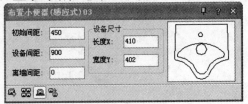

图 11-107 　【布置小便器（感应式）02】对话框

在相应对话框中的数据可保持不变，也可以进行修改，本例为保持不变。在绘图区域单击，根据命令行提示选择卫生间相应的墙线，在男厕所布置两个小便器，形成如图 11-108 所示的形式。

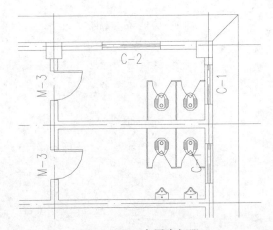

图 11-108 　布置小便器

（4）单击【布置洁具】按钮，本例选择洗涤盆和拖布池中拖布池。如图 11-109 所示。

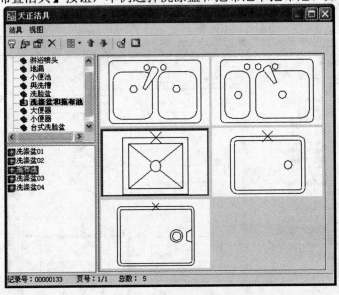

图 11-109 　【天正洁具】对话框

双击所选择的拖布池，显示对话框【布置拖布池】如图 11-110 所示。

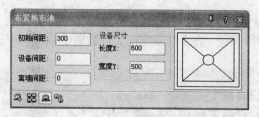

图 11-110 【布置拖布池】对话框

在相应对话框中的数据可保持不变，也可以进行修改，本例为保持不变。在绘图区域单击，根据命令行提示选择卫生间相应的墙线，在男女厕所布置一个拖布池，形成如图 11-111所示的形式。

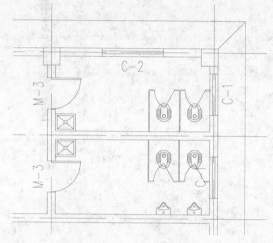

图 11-111 布置拖布池

11.2.11 房间标注

绘制房屋的信息可以直接由天正自动绘制而成，比如室内面积，房间编号等，本例中只生成室内面积。生成的房间标注为 11-112 所示。

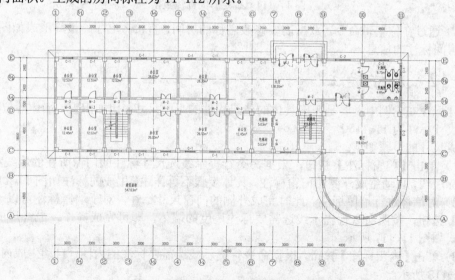

图 11-112 房间标注

生成房间信息的步骤如下：

（1）单击【搜索房间】按钮，在【搜索房间】对话框中输入相应的选择项目，如图 11-113所示。

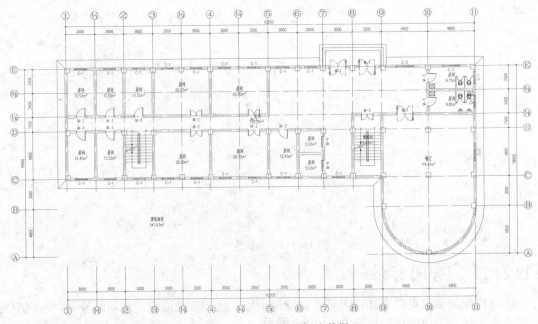

图 11-113　确定房间标注数据

（2）在绘图区域单击，根据命令行提示选择框选建筑物所有墙体，形成如图 11-114 所示的房间标注的信息。

图 11-114　确定房间标注数据

（3）通过在位编辑命令，双击需要修改名称的房间，直接改名字。最终形成如图 11-111所示的房间标注的信息。

11.2.12　尺寸标注

尺寸标注在本例中主要是明确具体的建筑构件的平面尺寸，比如门窗，墙体等位置尺寸。生成的尺寸标注为 11-115 所示。

生成尺寸的步骤如下：

（1）单击【门窗标注】按钮，根据命令行提示线选尺寸标注的门窗所在的墙线和第一、第二道标注线，自动生成外侧的门窗标注，具体步骤不再详述，生成的标注如图 11-116 所示。

（2）对墙体进行墙厚标注。此时完成外侧的门窗尺寸标注，对于墙厚标注可以通过【墙厚标注】按钮，按照命令行提示线选需要标注厚度的墙体，即可完成操作，最终形成的墙厚标注形式如图 11-117 所示。

（3）单击【内门标注】按钮，根据命令行提示线选需要标注的内门，自动生成内门标注，如图 11-118 所示。

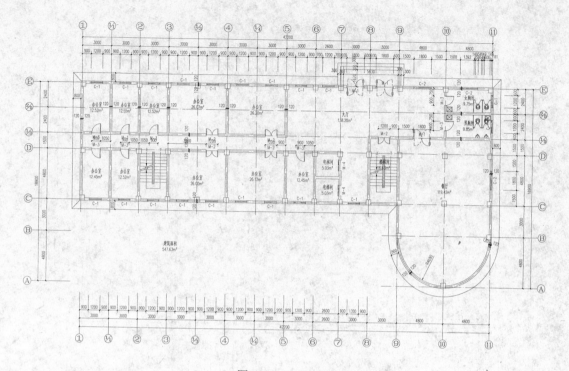

图 11-115　尺寸标注

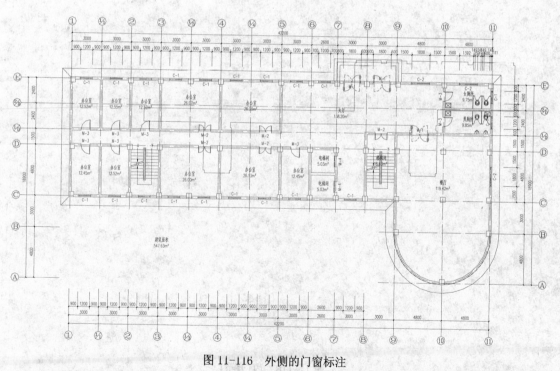

图 11-116　外侧的门窗标注

（4）单击【半径标注】按钮，根据命令行提示选择需要进行半径标注的圆弧，自动生成半径标注，如图 11-119 所示。

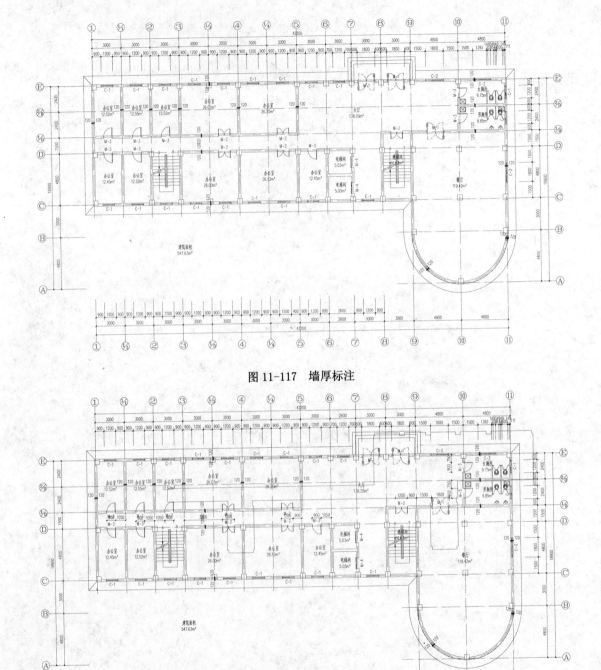

图 11-117　墙厚标注

图 11-118　内门标注

（5）其他部位的标注可以采用【逐点标注】，直接标注尺寸，具体方式不详述。最终形成如图 11-110 所示的尺寸标注的信息。

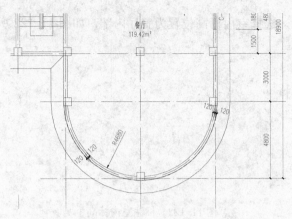

图 11-119　半径标注

11.2.13　标高标注

标高标注在本图中主要是明确建筑内外的平面高差。生成的标高标注为 11-120 所示。

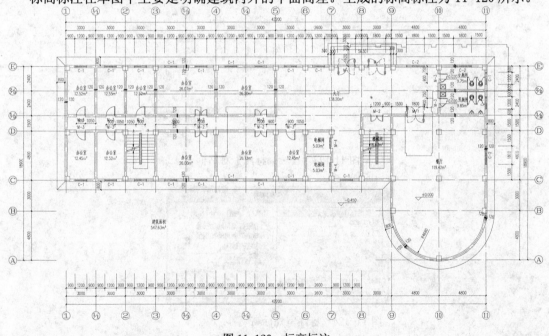

图 11-120　标高标注

生成标高标注的步骤如下：

（1）单击【标高标注】按钮，在【标高标注】对话框中输入室内标高±0.000，同时勾选【手工输入】，如图 11-121 所示。

图 11-121　【标高标注】对话框

同时在绘图区单击，选择室内标高位置为餐厅内部，如图 11-122 所示。

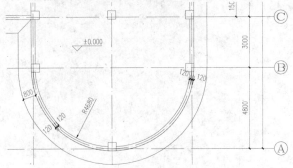

图 11-122　标注室内标高

（2）单击【标高标注】对话框，在【标高标注】对话框中输入室外标高-0.450，如图 11-123 所示。

同时在绘图区单击，选择室内标高位置为建筑物外侧，如图 11-124 所示。

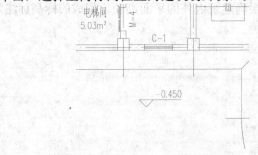

图 11-123　【标高标注】对话框

图 11-124　标注室外标高

（3）单击【标高标注】对话框，在【标高标注】对话框中输入厕所标高-0.020，如图 11-125 所示。

图 11-125　【标高标注】对话框

同时在绘图区单击，选择厕所标高位置为厕所内部，如图 11-126 所示。

最终形成如图 11-120 所示的标高标注的信息。

通过以上基本的绘图步骤，完成办公楼平面图的绘制。

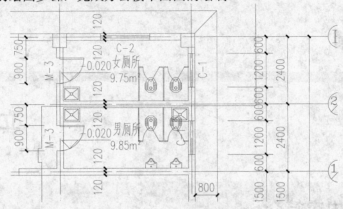

图 11-126　标注厕所标高

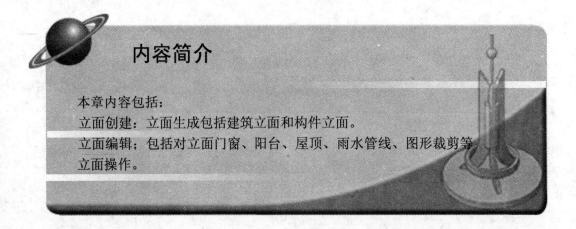

12

CHAPTER

立面

内容简介

本章内容包括：

立面创建：立面生成包括建筑立面和构件立面。

立面编辑；包括对立面门窗、阳台、屋顶、雨水管线、图形裁剪等立面操作。

12.1　立面创建

绘制建筑的立面可以形象地表达出建筑物的三维信息，受建筑物的细节和视线方向的遮挡，建筑立面在天正系统中为二维信息。立面的创建可以通过天正命令自动生成。

12.1.1　建筑立面

建筑立面命令可以生成建筑物立面，事先确定当前层为首层平面，其余各层已确定内外墙。在当前工程为空的时候执行本命令，会出现对话框：请打开或新建一个工程管理项目，并在工程数据库中建立楼层表。现在依据已经完成建筑底层平面和标准层平面绘制在一张图中，建立一个工程管理项目，步骤如下：

（1）单击【工程管理】，选取新建工程，出现新建工程的对话框如图 12-1 所示。

在【文件名】中输入文件名称为平面，然后单击【保存】

（2）点开下拉菜单【楼层】，如图 12-2 所示。

组合楼层有两种方式：

（1）如果每层平面图均有独立的图样文件，此时可将多个平面图文件放在同一文件夹下面，在对话框中为【打开】按钮，确定每个标准层都有的共同对齐点，然后完成组合楼层。

（2）如果多个平面图放在一个图样文件中，然后在楼层栏的电子表格中分别选取图中的标准平面图，指定共同对齐点，然后完成组合楼层。同时也可以指定部分标准层平面图在其它图样文件中，采用方式二比较灵活，适用性也强。

图 12-1　新建工程管理　　　　　　　　　　　　　　　　　　图 12-2　【楼层】下拉菜单

为了综合演示，采用方式二。单击相应按钮，命令行提示

选择第一个角点〈取消〉:点选所选标准层的左下角

另一个角点〈取消〉:点选所选标准层的右上角

对齐点〈取消〉:选择开间和进深的第一轴线交点

成功定义楼层!

此时将所选的楼层定义为第一层，如图 12-3 所示。

图 12-3　定义第一层　　　　　　　　　　　　　　　　　图 12-4　定义楼层

重复上面的操作完成楼层的定义，如图 12-4 所示。对于所在标准层不在同一图样中的时候，可以通过单击文件后面的方框【选择层文件】选择需要装入的标准层。

此时建立好工程文件，可以通过命令行方式：

命令行：JZLM

菜单：立面→建筑立面

单击【建筑立面】按钮，命令行显示如下：

请输入立面方向或 [正立面(F)/背立面(B)/左立面(L)/右立面(R)]<退出>:选择正立面 F

请选择要出现在立面图上的轴线:选择轴线

请选择要出现在立面图上的轴线:选择轴线

请选择要出现在立面图上的轴线:回车

此时出现【立面生成设置】对话框,如图 12-5 所示。

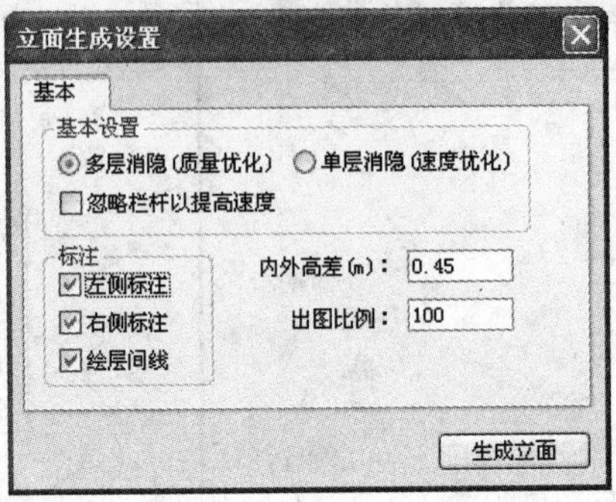

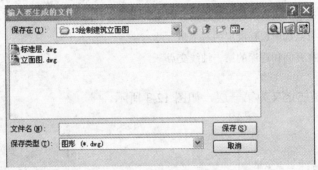

图 12-5 【立面生成设置】对话框

在对话框中输入标注的数值,然后单击【生成立面】按钮,出现【输入要生成的文件】对话框,在此对话框中输入要生成的立面文件的名称和位置,生成立面图。然后单击【保存】按钮,即可在指定位置生成立面图。如图 12-6 所示。

图 12-6 【输入要生成的文件】对话框

实例 12-1 建筑立面

生成的建筑立面如图 12-7 所示。

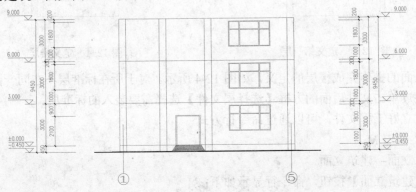

图 12-7 立面图

【实例步骤】

（1）打开需要进行生成建筑立面的各层平面图如图 12-8 所示，

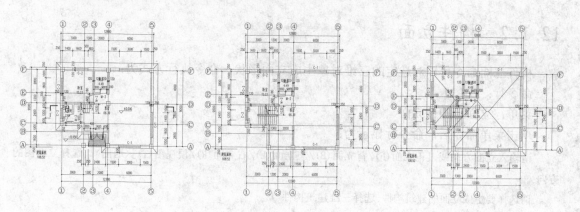

图 12-8　平面图

建立工程项目（具体方式见上面），然后单击【建筑立面】按钮，命令行显示如下：

请输入立面方向或 [正立面(F)/背立面(B)/左立面(L)/右立面(R)]<退出>:选择正立面 F

请选择要出现在立面图上的轴线:选择轴线

请选择要出现在立面图上的轴线:选择轴线

请选择要出现在立面图上的轴线:回车

此时出现【立面生成设置】对话框，如图 12-9 所示。

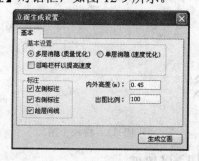

图 12-9　【立面生成设置】对话框

在对话框中输入标注的数值，然后单击【生成立面】按钮，在输入要生成的立面文件的名称和位置，如图 12-10 所示。

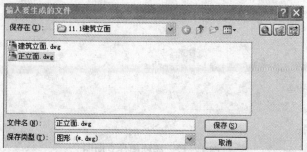

图 12-10　【输入要生成的文件】对话框

单击【保存】按钮，即可在指定位置生成立面图。

（2）保存图形

命令：SAVEAS↙　（将绘制完成的图形以"建筑立面图.dwg"为文件名保存在指定的路径中）

12.1.2 构件立面

构件立面命令可以对选定的三维对象生成立面形状，命令执行方式为：

命令行：GJLM

菜单：立面→构件立面

单击菜单命令后，命令行显示为：

请输入立面方向或［正立面(F)/背立面(B)/左立面(L)/右立面(R)/顶视图(T)]<退出>：选择立面图的方向

请选择要生成立面的建筑构件:选择三维建筑构件

请选择要生成立面的建筑构件:回车结束选择

请单击放置位置:选择立面构件的位置

实例 12-2 构件立面

有需要生成构件立面的楼梯平面图如图 12-11 所示。

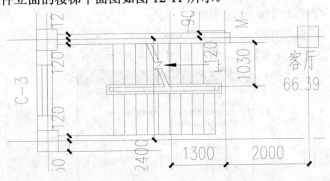

图 12-11　楼梯平图

构件立面生成后结果如图 12-12 所示。

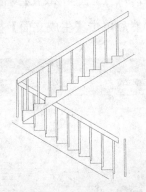

图 12-12　楼梯构件立面图

【实例步骤】

（1）打开需要进行构件立面生成的含有三维楼梯平面图 12-12，单击【构件立面】，命令行显示为：

请输入立面方向或［正立面(F)/背立面(B)/左立面(L)/右立面(R)/顶视图(T)]〈退出〉：F

请选择要生成立面的建筑构件：选择楼梯

请选择要生成立面的建筑构件：回车结束选择

请单击放置位置：选择楼梯立面的位置

此时直接回车，最终绘制结果如图 12-11 所示。因为是软件自动生成，其中有需要后期读者自己完善的部分，使图形更加完善。

（2）保存图形

命令：SAVEAS✓ （将绘制完成的图形以"构件立面图.dwg"为文件名保存在指定的路径中）

12.2 立面编辑

根据立面构件的要求，对生成的建筑立面进行编辑的命令总和。可以完成创建门窗、阳台、屋顶、门窗套、雨水管、轮廓线等功能。

12.2.1 立面门窗

立面门窗命令可以插入、替换立面图上的门窗，同时对立面门窗库进行维护。

命令行：LMMC

菜单：立面→立面门窗

单击【立面门窗】按钮，显示【天正图库管理系统】对话框，如图 12-13 所示。

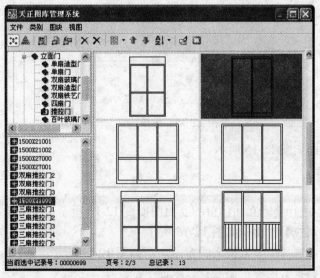

图 12-13 【天正图库管理系统】对话框

【立面门窗】可以替换已有的门窗，也可以直接插入门窗

1. 替换已有的门窗

在上侧图库中单击选择所需替换成的门窗图块，然后单击上方的【替换】图标，命令行显示如下：

选择图中将要被替换的图块!

选择对象: 选择已有的门窗图块

选择对象: 回车退出

天正自动选择新选的门窗替换原有的门窗。

2. 直接插入门窗

在上侧图库中选择双击所需的门窗图块，命令行显示如下：

单击插入点或 [转90(A)/左右(S)/上下(D)/对齐(F)/外框(E)/转角(R)/基点(T)/更换(C)]<退出>:E

第一个角点或 [参考点(R)]<退出>:选取门窗洞口的左下角

另一个角点: 选取门窗洞口的右上角

天正自动按照选取图框的左下角和右上角所对应的范围，以左下角为插入点来生成门窗图块。

实例 12-3 立面门窗

生成的门窗立面如图 12-14 所示。

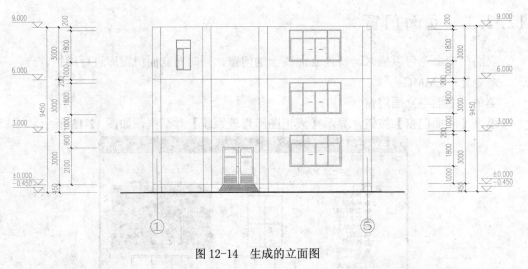

图 12-14 生成的立面图

原有的门窗立面如图 12-15 所示。

【实例步骤】

（1）打开需要进行编辑立面门窗的立面图如图 12-15 所示，单击【立面门窗】按钮，显示【天正图库管理系统】对话框如图 12-16 所示。

在对话框中单击选择所需替换成的窗图块，如图 12-17 所示。

单击上方的【替换】图标，命令行显示如下：

选择图中将要被替换的图块!

选择对象: 选择已有的窗图块

选择对象: 选择已有的窗图块

选择对象: 选择已有的窗图块

选择对象: 回车退出

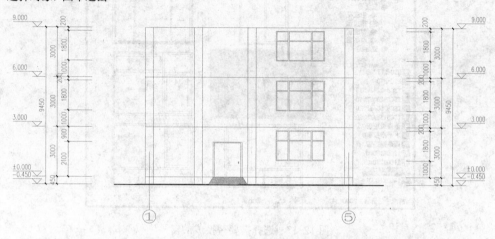

图 12-15　立面图

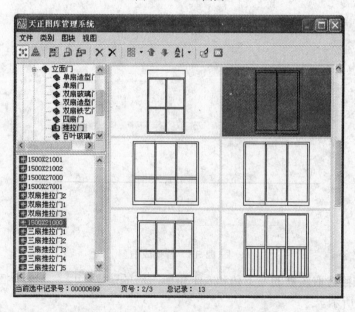

图 12-16　【天正图库管理系统】对话框

天正自动选择新选的窗替换原有的窗，结果如图 12-18 所示。

（2）生成窗，单击【立面门窗】按钮，显示【天正图库管理系统】对话框如图 12-16 所示。在上侧对话框中双击选择所需生成的窗图块，如图 12-19 所示。

命令行显示如下：

单击插入点或 [转 90(A)/左右(S)/上下(D)/对齐(F)/外框(E)/转角(R)/基点(T)/更换(C)]<退出>:E

第一个角点或 [参考点(R)]<退出>:选取门窗洞口的左下角

另一个角点: 选取门窗洞口的右上角

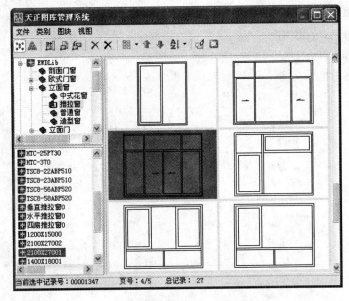

图 12-17　选择需要替换成的窗

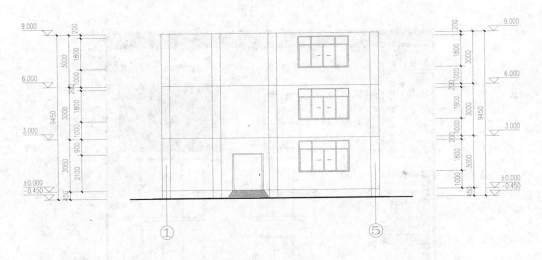

图 12-18　替换成的窗

天正自动按照选取图框的左下角和右上角所对应的范围,以左下角为插入点来生成窗图块,如图 12-20 所示。

（3）替换门,单击【立面门窗】按钮,显示【天正图库管理系统】对话框如图 12-16 所示。在上侧对话框中单击选择所需替换成的门图块,如图 12-21 所示。

然后单击上方的【替换】图标,然后选择图中要替换的立面门,命令行显示如下:

选择图中将要被替换的图块!

选择对象: 找到 1 个

选择对象:

天正自动选择新选的门窗替换原有的门窗。结果如图 12-14 所示。

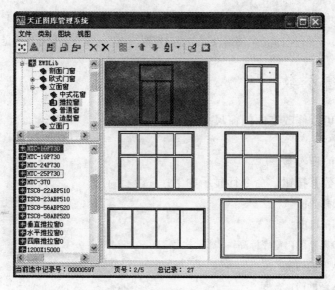

图 12-19　选择需要生成的窗

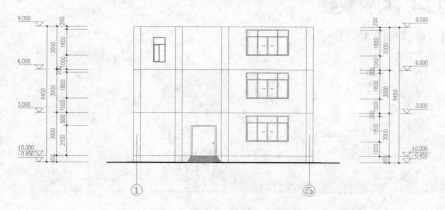

图 12-20　生成的窗

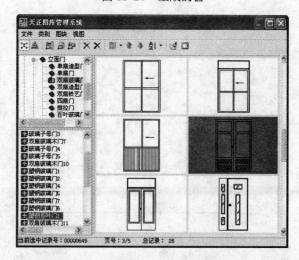

图 12-21　【天正图库管理系统】对话框

（4）保存图形

命令：SAVEAS✓ （将绘制完成的图形以"立面门窗图. dwg"为文件名保存在指定的路径中）

12.2.2 门窗参数

门窗参数命令可以修改立面门窗尺寸和位置。

命令行：MCCS

菜单：立面→门窗参数

单击【门窗参数】按钮，命令行显示如下：

选择立面门窗:选择门窗

选择立面门窗:回车退出

底标高<4000>:输入新的门窗底标高

高度<1800>:输入新的门窗高度

宽度<3000>:输入新的门窗宽度

实例 12-4 门窗参数

立面的门窗参数如图 12-22 所示。

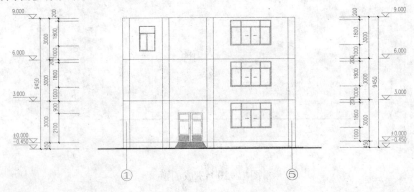

图 12-22 生成的立面图

原有的立面门窗如图 12-23 所示。

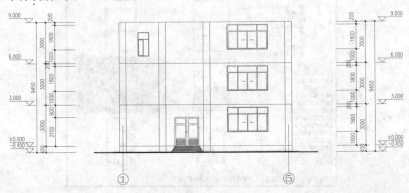

图 12-23 立面门窗图

【实例步骤】

（1）打开需要查询立面门窗参数的立面图如图 12-23 所示，单击【门窗参数】按钮，查询并更改左上侧的窗参数，命令行显示如下：

选择立面门窗:选择门窗

选择立面门窗:回车退出

底标高<6525>:6600

高度<1730>:1800

宽度<845>:1200

天正自动按照尺寸更新所选立面窗，结果如图 12-21 所示。

（2）保存图形

命令：SAVEAS↙　（将绘制完成的图形以"门窗参数图.dwg"为文件名保存在指定的路径中）

12.2.3　立面窗套

立面窗套命令可以生成全包的窗套或者窗上沿线和下沿线。

命令行：MCCS

菜单：立面→立面窗套

单击【立面窗套】按钮，命令行显示如下：

请指定窗套的左下角点 <退出>:选择所选窗的左下角

请指定窗套的右上角点 <推出>:选择所选窗的右上角

此时出现【窗套参数】对话框，分成全包模式和上下模式，其中上下模式如图 12-24 所示，全包模式如图 12-25 所示

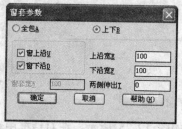
图 12-24　【窗套参数】对话框

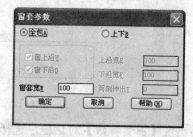
图 12-25　【窗套参数】对话框

在对话框中选择相应的数据，然后单击【确定】完成操作。

实例 12-5　立面窗套

生成的立面窗套如图 12-26 所示。

原有的立面窗如图 12-27 所示。

【实例步骤】

（1）打开需要添加立面窗套的立面图如图 12-27 所示，单击【立面窗套】按钮，命令行显示如下：

请指定窗套的左下角点 <退出>:选择第一层窗的左下角

请指定窗套的右上角点 <推出>:选择第一层窗的右上角

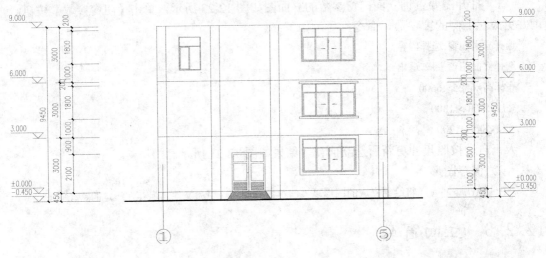

图 12-26　生成的立面窗套图

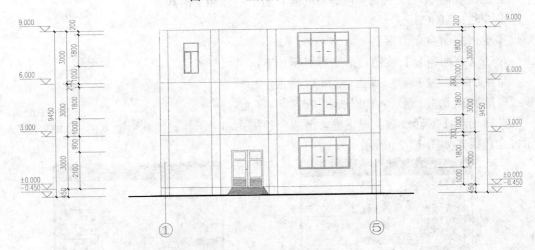

图 12-27　原有的立面窗图

此时出现【窗套参数】对话框，选择全包模式如图 12-25 所示，在对话框中输入窗套宽数值 150，如图 12-28 所示

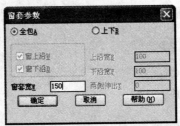

图 12-28　【窗套参数】对话框

单击【确定】，第一层窗加上全套，结果如图 12-29 所示。

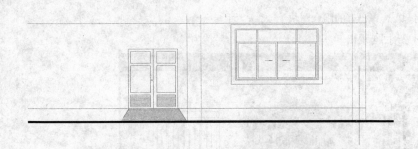

图 12-29　第一层窗加窗套

（2）单击【立面窗套】按钮，命令行显示如下：

请指定窗套的左下角点 <退出>:选择第二层窗的左下角

请指定窗套的右上角点 <推出>:选择第二层窗的右上角

此时出现【窗套参数】对话框，选择上下模式如图 12-25 所示，在对话框中输入上沿宽100，下沿宽 100，两侧伸出 150，如图 12-30 所示。

单击【确定】，第二层窗加上下沿，结果如图 12-31 所示。

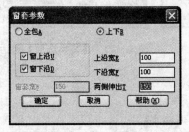

图 12-30　【窗套参数】对话框

图 12-31　第二层窗加上下沿

最终结果如图 12-26 所示。

（3）保存图形

命令：SAVEAS√　（将绘制完成的图形以"立面窗套图.dwg"为文件名保存在指定的路径中）

12.2.4　立面阳台

立面阳台命令可以插入、替换立面阳台或对有立面阳台库的维护。

命令行：LMYT

菜单：立面→立面阳台

单击【立面阳台】按钮，显示【天正图库管理系统】对话框如图 12-32 所示。

【立面阳台】可以替换已有的阳台，也可以直接插入阳台。

1．替换已有的阳台

在上侧图库中单击选择所需替换成的阳台图块，然后单击上方的【替换】图标，出现【替换选项】对话框，如图 12-33 所示。

在【替换选项】对话框中选择【保持插入尺寸】，然后单选图中需要替换的立面阳台。命令行显示如下：

选择图中将要被替换的图块!

选择对象: 选择已有的阳台图块

选择对象: 回车退出

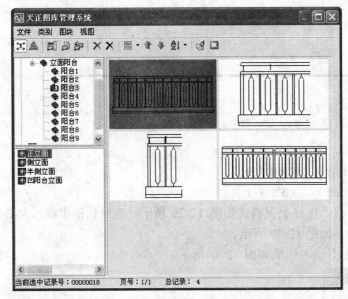

图 12-32 【天正图库管理系统】对话框   图 12-33 【替换选项】对话框

天正自动选择新选的阳台替换原有的阳台。

2. 直接插入阳台

在上侧图库中双击选择所需的门窗图块，命令行显示如下：

单击插入点或 [转 90(A)/左右(S)/上下(D)/对齐(F)/外框(E)/转角(R)/基点(T)/更换(C)]<退出>:E

第一个角点或 [参考点(R)]<退出>:选取阳台的左下角

另一个角点: 选取阳台的右上角

天正自动按照选取图框的左下角和右上角所对应的范围，以左下角为插入点来生成阳台图块。

实例 12-6 立面阳台

生成的阳台立面如图 12-34 所示。

原有的阳台立面如图 12-35 所示。

【实例步骤】

（1）打开需要进行编辑立面阳台的立面图如图 12-35 所示，单击【立面阳台】按钮，显示【天正图库管理系统】对话框，在对话框中单击选择所需替换成的窗图块如图 12-36 所示。

单击上方的【替换】图标，命令行显示如下：

选择图中将要被替换的图块!

选择对象: 选择已有的阳台图块

选择对象: 回车退出

天正自动选择新选的阳台替换原有的阳台，结果如图 12-37 所示。

234

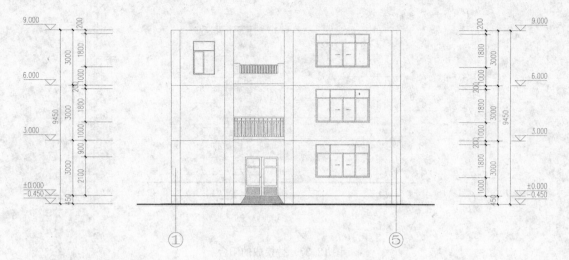

图 12-34 生成的阳台立面图

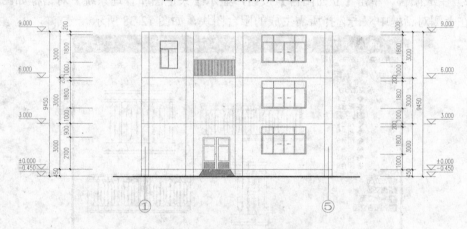

图 12-35 原有的阳台立面图

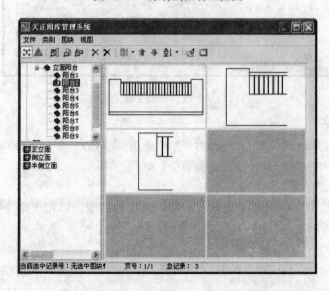

图 12-36 【天正图库管理系统】对话框

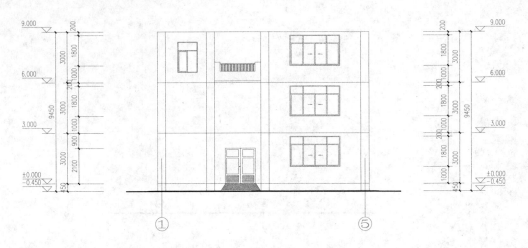

图 12-37　替换成的阳台

（2）生成阳台，单击【立面阳台】按钮，显示【天正图库管理系统】对话框如图 12-32 所示。在上侧对话框中双击选择所需生成的阳台图块，如图 12-38 所示。

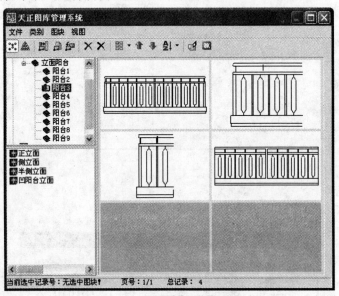

图 12-38　选择需要生成的阳台

命令行显示如下：

单击插入点或 [转 90(A)/左右(S)/上下(D)/对齐(F)/外框(E)/转角(R)/基点(T)/更换(C)]<退出>:E

第一个角点或 [参考点(R)]<退出>:选取阳台的左下角

另一个角点: 选取阳台的右上角

天正自动按照选取图框的左下角和右上角所对应的范围，以左下角为插入点来生成阳台图块，如图 12-39 所示。

（3）保存图形

命令：SAVEAS✓ （将绘制完成的图形以"立面阳台图.dwg"为文件名保存在指定的路径中）

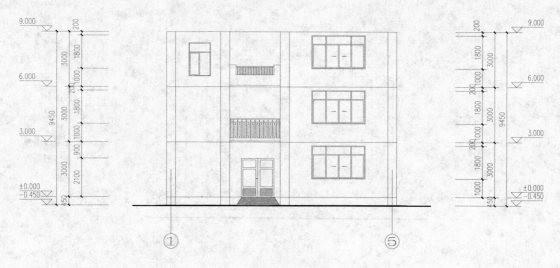

图 12-39　生成的阳台

12.2.5　立面屋顶

立面屋顶命令可以完成多种形式的屋顶立面图形式设计。

命令行：LMWD

菜单：立面→立面屋顶

单击【立面屋顶】按钮，显示【立面屋顶参数】对话框如图 12-40 所示。

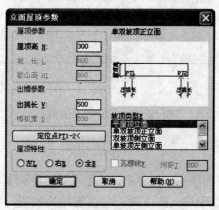

图 12-40　【立面屋顶参数】对话框

选择【平屋顶立面】，在【屋顶高】中输入 300，在【出挑长】中输入 500，然后单击【定位点 PT1-2<】,在图中选择屋顶的外侧，然后单击【确定】完成操作。命令行显示如下：

请单击墙顶角点 PT1 <返回>:

请单击墙顶另一角点 PT2 <返回>:

实例 12-7　立面屋顶

生成的立面屋顶如图 12-41 所示。

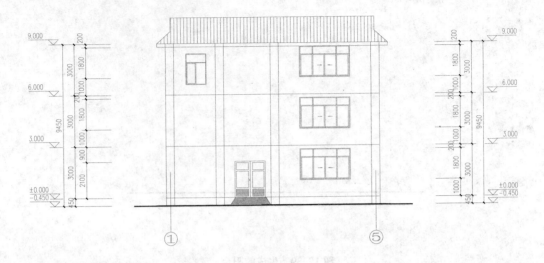

图 12-41　生成的立面屋顶图

原有的立面如图 12-42 所示。

图 12-42　原有的立面图

【实例步骤】

（1）打开需要添加立面如图 12-42 所示，单击【立面屋顶】按钮，显示【立面屋顶参数】对话框如图 12-41 所示。在其中填入歇山顶正立面的相关数据，如图 12-43 所示

考虑到更好地运用对话框，对其中用到的控件说明如下：

〔屋顶高〕各种屋顶的高度，即从基点到屋顶的最高处。

〔坡长〕坡屋顶倾斜部分的水平投影长度。

〔歇山高〕歇山屋顶立面的歇山高度。

〔出挑长〕斜线出外墙部分的投影长度。

〔檐板宽〕檐板的厚度。

〔定位点 PT1-2<〕单击屋顶的定位点。

〔屋顶特性〕"左"、"右"和"全"表明屋顶的范围，可以与其他屋面组合。

〔坡顶类型 E〕可供选择的坡顶类型有：平屋顶立面、单双坡顶正立面、双坡顶侧立面、单坡顶左侧立面、单坡顶右侧立面、四坡屋顶正立面、四坡顶侧立面、歇山顶正立面、歇山顶侧立面。

〔瓦楞线〕定义为瓦楞屋面，并且确定瓦楞线的间距。

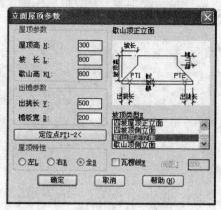

图 12-43　【立面屋顶参数】对话框

在【坡顶类型 E】中选择歇山顶正立面，在【屋顶高】中选择 1500，在【坡长】中选择 800，在【歇山高】中选择 800，在【出挑长】中选择 500，在【檐板宽】中选择 200，在【屋顶特性】中选择全，选择【瓦楞线】中选择间距 200，单击【定位点 PT1-2<】,在图中选择屋顶的外侧，然后单击【确定】完成操作。命令行显示如下：

请单击墙顶角点 PT1 <返回>:指定歇山的左侧的角点

请单击墙顶另一角点 PT2 <返回>:指定歇山的右侧的角点

结果如图 12-44 所示。

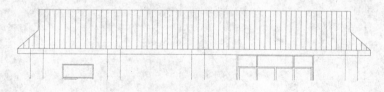

图 12-44　立面屋顶

（2）保存图形

命令：SAVEAS✓　（将绘制完成的图形以"立面屋顶图.dwg"为文件名保存在指定的路径中）

12.2.6　雨水管线

雨水管线命令可以按给定的位置生成竖直向下的雨水管。

命令行：YSGX

菜单：立面→雨水管线

单击【雨水管线】按钮，命令行显示如下：

请指定雨水管的起点[参考点(P)]<起点>:选择雨水管线的上侧起点

请指定雨水管的终点[参考点(P)]<终点>:选择雨水管线的下侧终点

请指定雨水管的管径 <100>:选择雨水管径

实例 12-8 雨水管线

生成的雨水管线的立面如图 12-45 所示。

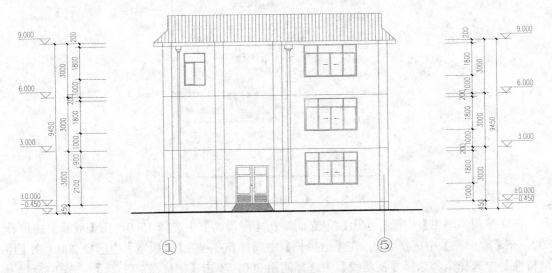

图 12-45　生成的雨水管线立面图

原有的立面如图 12-46 所示。

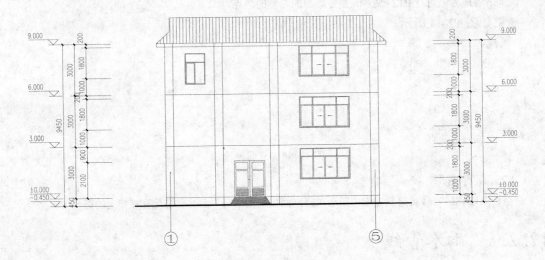

图 12-46　原有的立面图

【实例步骤】

（1）打开需要生成雨水管线的立面图如图 12-46 所示，先生成左侧的雨水管，单击【雨水管线】按钮，命令行显示如下：

请指定雨水管的起点[参考点(P)]<起点>:立面左上侧

请指定雨水管的终点[参考点(P)]<终点>:立面左下侧

请指定雨水管的管径 <100>:100

此时生成左侧的立面雨水管，如图 12-47 所示。

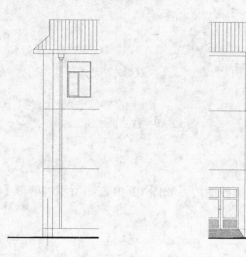

图 12-47　生成左侧的雨水管　　　　图 12-48　生成中侧的雨水管

然后生成中间的雨水管，单击【雨水管线】按钮，命令行显示如下：

请指定雨水管的起点[参考点(P)]<起点>:立面中上侧

请指定雨水管的终点[参考点(P)]<终点>:立面中下侧

请指定雨水管的管径 <100>:150

此时生成中间侧的立面雨水管，如图 12-48 所示。最终生成的立面雨水管线如图 12-45 所示。

（2）保存图形

命令：SAVEAS✓　　（将绘制完成的图形以"雨水管线图.dwg"为文件名保存在指定的路径中）

12.2.7　柱立面线

柱立面线命令可以绘制圆柱的立面过渡线。

命令行：ZLMX

菜单：立面→柱立面线

单击【柱立面线】按钮，命令行显示如下：

输入起始角<180>:输入平面圆柱的投影角度

输入包含角<180>:输入平面圆柱的包角

输入立面线数目<12>:输入立面投影的数量

输入矩形边界的第一个角点<选择边界>:给出柱的边界角点

输入矩形边界的第二个角点<退出>:给出柱的边界对应角点

实例 12-9　柱立面线

生成的柱立面线的如图 12-49 所示。

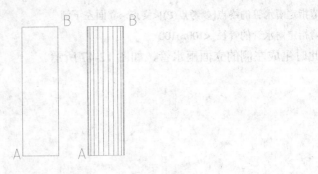

图 12-49　柱立面线图

【实例步骤】

（1）打开需要生成柱立面线的边界如图 12-49 左侧所示，单击【柱立面线】按钮，命令行显示如下：

　　输入起始角<180>:180

　　输入包含角<180>:180

　　输入立面线数目<12>:12

　　输入矩形边界的第一个角点<选择边界>:A

　　输入矩形边界的第二个角点<退出>:B

此时生成柱立面线，如图 12-49 右侧所示。

（2）保存图形

命令: SAVEAS✓　（将绘制完成的图形以"柱立面线图.dwg"为文件名保存在指定的路径中）

12.2.8　图形裁剪

图形裁剪命令可以对立面图形进行裁剪，实现立面遮挡。

命令行：TXCJ

菜单：立面→图形裁剪

单击【图形裁剪】按钮，命令行显示如下：

　　请选择被裁剪的对象:指定对角点: 框选被裁剪图形

　　请选择被裁剪的对象:回车退出

　　矩形的第一个角点或 [多边形裁剪(P)/多段线定边界(L)/图块定边界(B)]<退出>:指定框选的左下角点

　　另一个角点<退出>:指定框选的右上角点

此时框选部分的图形被裁剪了，余下没有裁剪部分。

实例 12-10　图形裁剪

生成的图形裁剪如图 12-50 所示。

原有的立面图形如图 12-51 所示。

【实例步骤】

（1）打开需要生成图形裁剪的图形如图 12-51 左侧所示，单击【图形裁剪】按钮，命令行显示如下：

请选择被裁剪的对象:指定对角点: 框选建筑立面

请选择被裁剪的对象:回车退出

矩形的第一个角点或 [多边形裁剪(P)/多段线定边界(L)/图块定边界(B)]<退出>:指定框选的左下角点

另一个角点<退出>:指定框选的右上角点

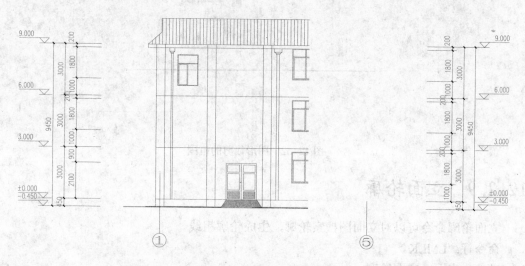

图 12-50　图形裁剪图

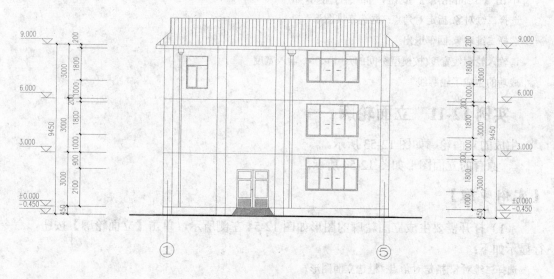

图 12-51　原有的立面图

框选的范围如图 12-52 所示。此时生成图形裁剪如图 12-50 右侧所示。

（2）保存图形

命令：SAVEAS↙　（将绘制完成的图形以"图形裁剪图.dwg"为文件名保存在指定的路径中）

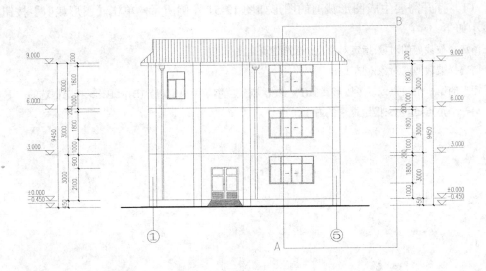

图 12-52 图形裁剪的范围

12.2.9 立面轮廓

立面轮廓命令可以对立面图搜索轮廓，生成轮廓粗线。

命令行：LMLK

菜单：立面→立面轮廓

单击【立面轮廓】按钮，命令行显示如下：

选择二维对象:指定对角点: 框选二维图形

选择二维对象:回车退出

请输入轮廓线宽度(按模型空间的尺寸)<0>: 输入宽度

成功的生成了轮廓线

实例 12-11 立面轮廓

生成的立面轮廓如图 12-53 所示。

原有的立面图形如图 12-54 所示。

【实例步骤】

（1）打开需要生成立面轮廓的图形如图 12-54 左侧所示，单击【立面轮廓】按钮，命令行显示如下：

选择二维对象:指定对角点: 框选立面图形

选择二维对象:回车退出

请输入轮廓线宽度(按模型空间的尺寸)<0>: 50

成功的生成了轮廓线

此时生成立面轮廓如图 12-53 所示。

（2）保存图形

命令: SAVEAS↙ （将绘制完成的图形以"立面轮廓图.dwg"为文件名保存在指定的路径中）

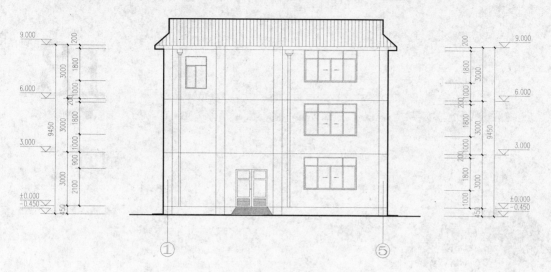

图 12-53　立面轮廓图

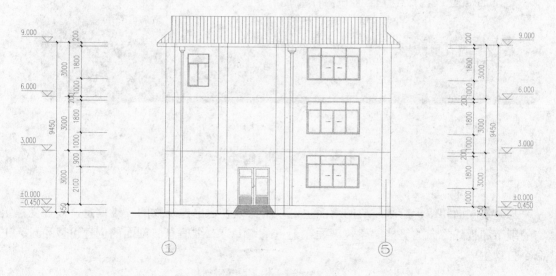

图 12-54　原有的立面图

剖面

内容简介

本章内容包括:

剖面创建:包括建筑剖面和构件剖面。

剖面绘制:介绍有关剖面中墙、楼板、梁、门窗、檐口、门窗过梁的绘制。

剖面楼梯与栏杆:介绍有关栏杆的操作方法。

剖面填充与加粗:介绍剖面的填充和墙线加粗方式。

13.1 剖面创建

与建筑立面相似,绘制建筑的剖面也可以形象地表达出建筑物的三维信息,同样受建筑物的细节和视线方向的遮挡,建筑剖面在天正系统中为二维信息。剖面的创建可以通过天正命令自动生成。

13.1.1 建筑剖面

建筑剖面命令可以生成建筑物剖面,事先确定当前层为首层平面,其余各层已确定内外墙。在当前工程为空的时候执行本命令,会出现对话框:请打开或新建一个工程管理项目,并在工程数据库中建立楼层表。

此时建立好工程文件,可以通过命令行方式:

命令行:JZPM

菜单:剖面→建筑剖面

单击【建筑剖面】按钮,命令行显示如下:

请选择一剖切线:选择首层中生成的剖切线

请选择要出现在剖面图上的轴线:选择需要显示的轴线

请选择要出现在剖面图上的轴线:回车退出

此时出现【剖面生成设置】对话框，如图 13-1 所示。

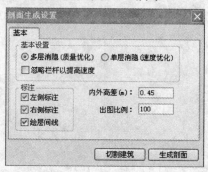

图 13-1 【剖面生成设置】对话框

在对话框中输入标注的数值，然后单击【生成剖面】按钮，出现【输入要生成的文件】对话框，在此对话框中输入要生成的剖面文件的名称和位置，如图 13-2 所示。

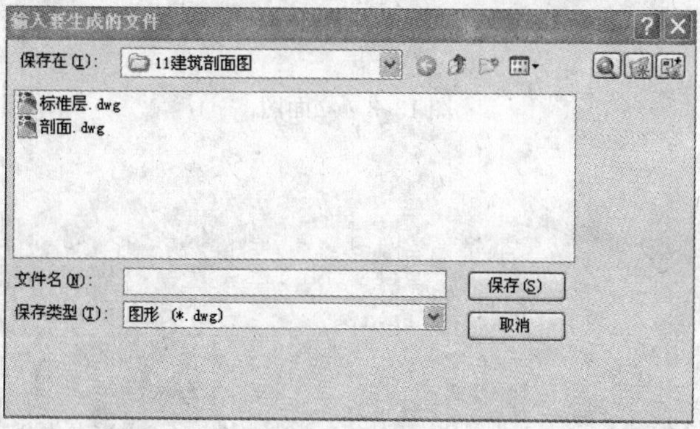

图 13-2 【输入要生成的文件】对话框

单击【保存】按钮，即可在指定位置生成剖面图。

实例 13-1 建筑剖面

生成的建筑剖面如图 13-3 所示。

【实例步骤】

（1）打开需要进行生成建筑剖面的各层平面图如图 13-4 所示，

在首层确定剖面剖切位置，然后建立工程项目，完成工程项目建立后，单击【建筑剖面】按钮，命令行显示如下：

请选择一剖切线:选择剖切线

请选择要出现在剖面图上的轴线:选择 1 轴

请选择要出现在剖面图上的轴线:选择 4 轴

请选择要出现在剖面图上的轴线:选择 5 轴

请选择要出现在剖面图上的轴线:回车退出

此时出现【剖面生成设置】对话框，如图 13-5 所示。

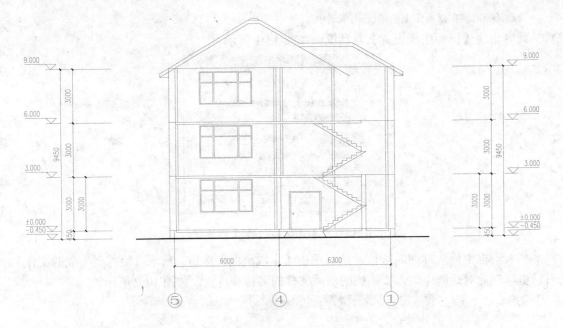

图 13-3 立面图

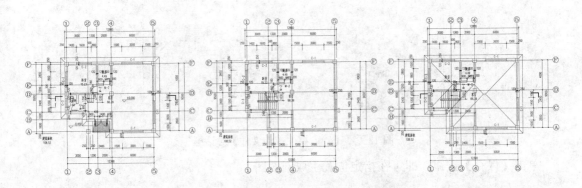

图 13-4 平面图

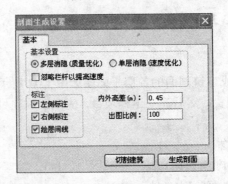

图 13-5 【剖面生成设置】对话框

　　在对话框中输入标注的数值，然后单击【生成剖面】按钮，出现【输入要生成的文件】
对话框，在此对话框中输入要生成的剖面文件的名称和位置，如图 13-6 所示。

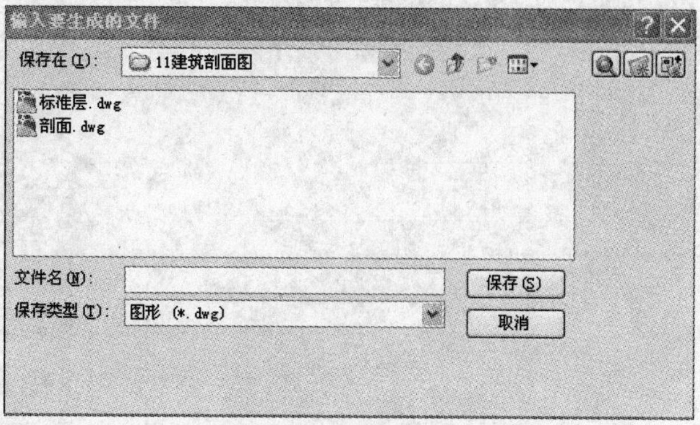

图 13-6 【输入要生成的文件】对话框

单击【保存】按钮，即可在指定位置生成剖面图。

（2）保存图形

命令：SAVEAS✓ （将绘制完成的图形以"建筑剖面图.dwg"为文件名保存在指定的路径中）

13.1.2 构件剖面

构件剖面命令可以对选定的三维对象生成剖面形状，命令执行方式为：

命令行：GJPM

菜单：立面→构件剖面

单击菜单命令后，命令行显示为：

请选择一剖切线:选择预先定义好的剖切线

请选择需要剖切的建筑构件:选择构件

请选择需要剖切的建筑构件:回车退出

请单击放置位置:将构件剖面放于合适位置

实例 13-2 构件剖面

有需要生成构件剖面的楼梯平面图如图 13-7 所示。

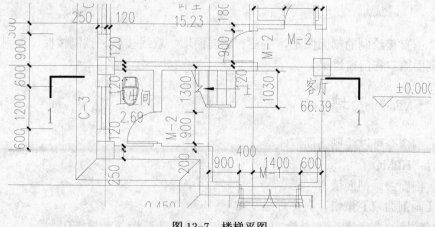

图 13-7 楼梯平图

构件剖面生成后结果如图 13-8 所示。

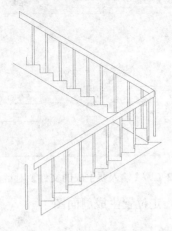

图 13-8 楼梯构件剖面图

【实例步骤】

1. 打开需要进行构件剖面生成的含有三维楼梯平面图 13-8，单击【构件剖面】，命令行显示为：

请选择一剖切线:选择剖切线 1

请选择需要剖切的建筑构件:选择楼梯

请选择需要剖切的建筑构件:回车退出

请单击放置位置:将构件剖面放于原有图样的下侧

此时楼梯剖面绘制结果如图 13-2 所示。

2. 保存图形

命令：SAVEAS✓ （将绘制完成的图形以"构件剖面图.dwg"为文件名保存在指定的路径中）

13.2 剖面绘制

本节介绍直接绘制的剖面图形，主要有画剖面墙、双线楼板、预制楼板、加剖断梁、剖面门窗、剖面檐口和门窗过梁。

13.2.1 画剖面墙

画剖面墙命令可以绘制剖面双线墙。

命令行：HPMQ

菜单：剖面→画剖面墙

单击【画剖面墙】按钮，命令行显示如下：

请单击墙的起点(圆弧墙宜逆时针绘制)[取参照点(F)单段(D)]<退出>:单击墙体的起点

墙厚当前值: 左墙 120, 右墙 120。

请单击直墙的下一点[弧墙(A)/墙厚(W)/取参照点(F)/回退(U)] <结束>: 确定墙体宽度 w

请输入左墙厚 <120>:输入左墙厚度

请输入右墙厚 <120>: 输入右墙厚度 240

墙厚当前值: 左墙 120, 右墙 240。

请单击直墙的下一点[弧墙(A)/墙厚(W)/取参照点(F)/回退(U)] <结束>:单击墙体终点

墙厚当前值: 左墙 120, 右墙 240。

请单击直墙的下一点[弧墙(A)/墙厚(W)/取参照点(F)/回退(U)] <结束>:回车退出

实例13-3　画剖面墙

绘制剖面墙后的剖面图如图13-9所示。

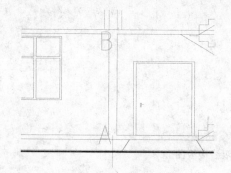

图 13-9　画剖面墙图

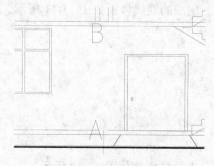

图 13-10　原有剖面图

原有的剖面如图13-10所示。

【实例步骤】

（1）打开需要进行添加剖面墙如图13-10所示，单击【画剖面墙】按钮，命令行显示如下：

请单击墙的起点(圆弧墙宜逆时针绘制)[取参照点(F)单段(D)]<退出>:单击墙体的起点 A

墙厚当前值: 左墙 120, 右墙 120。

请单击直墙的下一点[弧墙(A)/墙厚(W)/取参照点(F)/回退(U)] <结束>: 确定墙体宽度 w

请输入左墙厚 <120>:回车

请输入右墙厚 <120>: 回车

墙厚当前值: 左墙 120, 右墙 120。

请单击直墙的下一点[弧墙(A)/墙厚(W)/取参照点(F)/回退(U)] <结束>:单击墙体终点 B

墙厚当前值: 左墙 120, 右墙 120。

请单击直墙的下一点[弧墙(A)/墙厚(W)/取参照点(F)/回退(U)] <结束>:回车退出

绘制的剖面墙体如图13-9所示。

（2）保存图形

命令：SAVEAS✓　（将绘制完成的图形以"画剖面墙图.dwg"为文件名保存在指定的路径中）

13.2.2 双线楼板

双线楼板命令可以绘制剖面双线楼板。

命令行：SXLB

菜单：剖面→双线楼板

单击【双线楼板】按钮，命令行显示如下：

请输入楼板的起始点 <退出>:选楼板的起点

结束点 <退出>:选楼板的终点

楼板顶面标高 <3000>:楼面标高

楼板的厚度(向上加厚输负值) <200>:输入楼板的厚度

实例 13-4 双线楼板

生成的双线楼板如图 13-11 所示。

图 13-11 生成的双线楼板图

未加楼板前如图 13-12 所示。

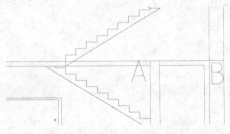

图 13-12 未加楼板前图

【实例步骤】

（1）打开需要生成双线楼板的立面图如图 13-12 所示，单击【双线楼板】按钮，命令行显示如下：

请输入楼板的起始点 <退出>:A

结束点 <退出>:B

楼板顶面标高 <3000>:回车

楼板的厚度(向上加厚输负值) <200>:120

生成的双线楼板如图 13-11 所示。

（2）保存图形

命令：SAVEAS✓ （将绘制完成的图形以"双线楼板图.dwg"为文件名保存在指定的路径中）

13.2.3 预制楼板

预制楼板命令可以绘制剖面预制楼板。

命令行：YZLB

菜单：剖面→预制楼板

单击【预制楼板】按钮，此时出现【剖面楼板参数】对话框，预制楼板可以分成：圆孔板（横剖）、圆孔板（纵剖）、槽形板（正放）、槽形板（反放）、实心板五种形式，选择合适的楼板形式，并在相应的模板参数中输入相应的数据，如图 13-13 所示。

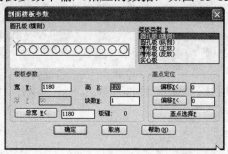

图 13-13　【剖面楼板参数】对话框

命令行显示如下：

请给出楼板的插入点 <退出>:选楼板的插入点

再给出插入方向 <退出>:选点确定楼板的方向

实例 13-5　预制楼板

生成的预制楼板如图 13-14 所示。

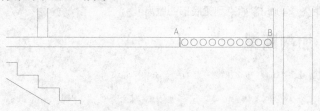

图 13-14　生成的预制楼板图

未加楼板前如图 13-15 所示。

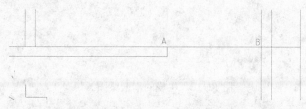

图 13-15　未加预制楼板图

【实例步骤】

253

（1）打开需要生成预制楼板的立面图如图 13-15 所示，单击【预制楼板】按钮，显示对话框如图 13-13 所示。

考虑到更好地运用对话框，对其中用到的控件说明如下：

〔楼板类型〕选定预制板的形式分成：圆孔板（横剖）、圆孔板（纵剖）、槽形板（正放）、槽形板（反放）、实心板 5 种形式。

〔楼板参数〕确定楼板的尺寸和布置情况。

〔基点定位〕确定楼板的基点和相对位置。

具体数据参照对话框所示，然后单击【确定】按钮，命令行显示如下：

请给出楼板的插入点 <退出>:A

再给出插入方向 <退出>:B

生成的预制楼板如图 13-14 所示。

（2）保存图形

命令：SAVEAS↙ （将绘制完成的图形以"预制楼板图.dwg"为文件名保存在指定的路径中）

13.2.4 加剖断梁

加剖断梁命令可以绘制楼板，休息平台下的梁截面。

命令行：JPDL

菜单：剖面→加剖断梁

单击【加剖断梁】按钮，命令行显示如下：

请输入剖面梁的参照点 <退出>:选择剖面梁顶定位点

梁左侧到参照点的距离 <150>:参照点到梁左侧的距离

梁右侧到参照点的距离 <150>:参照点到梁右侧的距离

梁底边到参照点的距离 <400>:参照点到梁底部的距离

实例 13-6 加剖断梁

生成的剖断梁如图 13-16 所示。

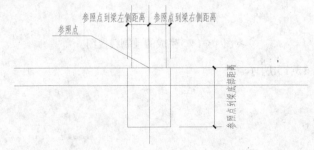

图 13-16 生成的剖面梁图

【实例步骤】

（1）打开需要生成剖面梁图，单击【加剖断梁】按钮，单击【加剖断梁】按钮，命令行显示如下：

请输入剖面梁的参照点 <退出>:参照点

梁左侧到参照点的距离 <150>:150

梁右侧到参照点的距离 <150>:150

梁底边到参照点的距离 <400>:400

生成的预制楼板如图 13-16 所示。

（2）保存图形

命令：SAVEAS✓ （将绘制完成的图形以"加剖断梁图.dwg"为文件名保存在指定的路径中）

13.2.5　剖面门窗

剖面门窗命令可以直接在图中插入剖面门窗。

命令行：PMMC

菜单：剖面→剖面门窗

单击【剖面门窗】按钮，此时出现剖面门窗的默认形式如图 13-17 所示，

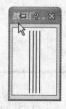

图 13-17　剖面门窗的默认形式

如果所选的剖面门窗形式不为默认形式，单击图 13-17 中下侧图形，进入【天正图库管理系统】对话框的剖面门窗，如图 13-18 所示，在其中选择合适的剖面门窗样式。

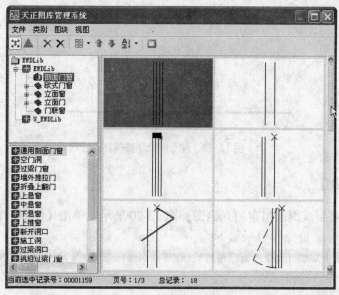

图 13-18　【天正图库管理系统】对话框

在选中的门窗形式中单击，将所选的剖面门窗形式为当前需要的形式。命令行显示如下：

请单击剖面墙线下端或 [选择剖面门窗样式(S)/替换剖面门窗(R)/改窗台高(E)/改窗高(H)]<退出>:选择墙体

本命令行有几个常用的选项操作：键入"S"选择剖面门窗，出现对话框如图 13-18 示，在其中选择合适的剖面门窗形式；键入"R"替换剖面门窗；键入"E"改窗台高；键入"H"改窗高。

门窗下口到墙下端距离<900>:900

门窗的高度<1500>:1500

实例 13-7　剖面门窗

生成的剖面门窗如图 13-19 所示。

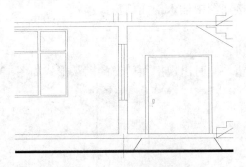

图 13-19　生成的剖面门窗图

未加剖面门窗前如图 13-20 所示。

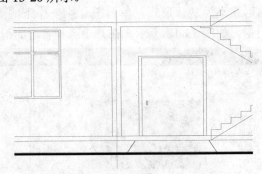

图 13-20　未加剖面门窗前图

【实例步骤】

（1）打开需要生成剖面门窗的立面图如图 13-20 所示，单击【剖面门窗】按钮，显示对话框如图 13-17 所示。命令行显示如下：

请单击剖面墙线下端或 [选择剖面门窗样式(S)/替换剖面门窗(R)/改窗台高(E)/改窗高(H)]<退出>:选择墙体

门窗下口到墙下端距离<900>:900

门窗的高度<1500>:1500

生成的剖面门窗如图 13-19 所示。

（2）保存图形

命令：SAVEAS↙　　（将绘制完成的图形以"剖面门窗图.dwg"为文件名保存在指定的路径中）

13.2.6　剖面檐口

剖面檐口命令可以直接在图中绘制剖面檐口。

命令行：PMYK

菜单：剖面→剖面檐口

单击【剖面檐口】按钮，此时出现剖面檐口参数如图 13-21 所示，

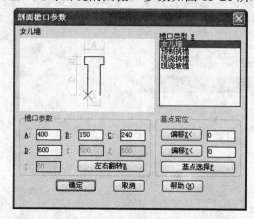

图 13-21　【剖面檐口参数】对话框

在【檐口类型】中有四种类型可以选择：女儿墙、预制挑檐、现浇挑檐、现浇坡檐。然后在【檐口参数】和【基点定位】中选择合适的参数，然后单击【确定】完成选择。此时命令行显示如下：

请给出剖面檐口的插入点 <退出>:根据基点选择，确定檐口的插入位置

实例 13-8　剖面檐口

生成的剖面檐口如图 13-22 所示。

图 13-22　生成的剖面檐口图

未加剖面檐口如图 13-23 所示。

图 13-23　未加剖面檐口前图

【实例步骤】

（1）打开需要生成剖面檐口的立面图如图 13-23 所示，单击【剖面檐口】按钮，显示对话框如图 13-1 所示。

考虑到更好地运用对话框，对其中用到的控件说明如下：

〔檐口类型〕选定檐口的形式分成：女儿墙、预制挑檐、现浇挑檐、现浇坡檐四种形式。

〔檐口参数〕确定檐口的尺寸和布置情况。

〔基点定位〕确定楼板的基点和相对位置。

在【檐口类型】中选择"女儿墙"，其余参数如图 13-24 所示。

单击【确定】，在图中选择合适的插入点位置，命令行显示为：

请给出剖面檐口的插入点 ＜退出＞：选择 A

此时完成插入女儿墙操作，如图 13-25 所示。

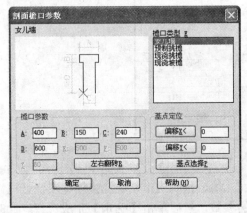

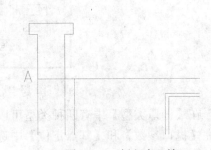

图 13-24　【剖面檐口参数】对话框　　　　　　　　　　图 13-25　插入女儿墙

（2）单击【剖面檐口】按钮，显示对话框如图 13-21 所示。在【檐口类型】中选择"预制挑檐"，其余参数如图 13-26 所示。

单击【确定】，在图中选择合适的插入点位置，命令行显示为：

请给出剖面檐口的插入点 ＜退出＞：选择 B

此时完成插入预制挑檐操作，如图 13-27 所示。

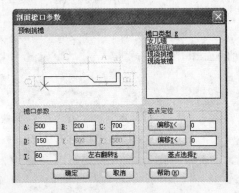

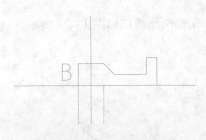

图 13-26　【剖面檐口参数】对话框　　　　　　　　　　图 13-27　插入预制挑檐

（3）单击【剖面檐口】按钮，显示对话框如图 13-1 所示。在【檐口类型】中选择"现浇挑檐"，其余参数如图 13-28 所示。

然后单击【确定】，在图中选择合适的插入点位置，命令行显示为：

请给出剖面檐口的插入点 <退出>:选择 C

此时完成插入现浇挑檐操作，如图 13-29 所示。

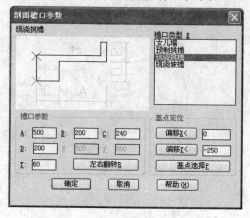

图 13-28　【剖面檐口参数】对话框

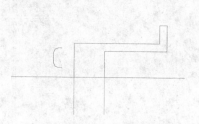

图 13-29　插入现浇挑檐

（4）单击【剖面檐口】按钮，显示对话框如图 13-21 所示。在【檐口类型】中选择"现浇坡檐"，其余参数如图 13-30 所示。

单击【确定】，在图中选择合适的插入点位置，命令行显示为：

请给出剖面檐口的插入点 <退出>:选择 C

此时完成插入现浇坡檐操作，如图 13-31 所示。

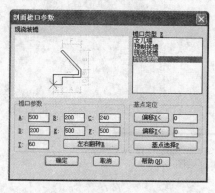

图 13-30　【剖面檐口参数】对话框

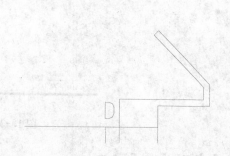

图 13-31　插入现浇坡檐

生成的剖面檐口如图 13-22 所示。

（5）保存图形

命令：SAVEAS↙　（将绘制完成的图形以"剖面檐口图.dwg"为文件名保存在指定的路径中）

13.2.7　门窗过梁

门窗过梁命令可以在剖面门窗上加过梁。

命令行：MCGL

菜单：剖面→门窗过梁

单击【门窗过梁】按钮，命令行显示如下：

选择需加过梁的剖面门窗:选择剖面门窗

选择需加过梁的剖面门窗:

输入梁高<120>:输入梁高

实例 13-9　门窗过梁

生成的门窗过梁如图 13-32 所示。

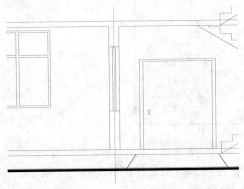

图 13-32　生成的门窗过梁图

未加过梁如图 13-33 所示。

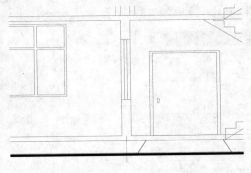

图 13-33　未加过梁图

【实例步骤】

（1）打开需要生成门窗过梁的剖面图如图 13-33 所示，单击【门窗过梁】按钮，命令行显示如下：

选择需加过梁的剖面门窗:选择图中剖面门窗

选择需加过梁的剖面门窗:

输入梁高<120>:240

生成的剖面门窗过梁如图 13-32 所示。

（2）保存图形

命令：SAVEAS✓ （将绘制完成的图形以"门窗过梁图.dwg"为文件名保存在指定的路径中）

13.3 剖面楼梯与栏杆

13.3.1 参数楼梯

参数楼梯命令可以按照参数交互方式生成剖面的或可见的楼梯。

命令行：**CSLT**

菜单：剖面→参数楼梯

单击【参数楼梯】按钮，此时出现【参数楼梯】对话框，如图 13-34 所示。

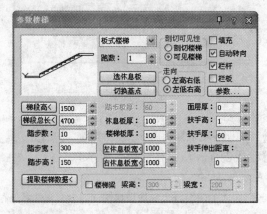

图 13-34 【参数楼梯】对话框

在相应的楼梯梯段中输入参数，然后单击【确定】，命令行显示如下：

请给出剖面楼梯的插入点 <退出>:选取插入点

此时即可在指定位置生成剖面梯段图。

实例 13-10 参数楼梯

生成的参数楼梯如图 13-35 所示。

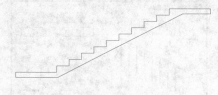

图 13-35 参数楼梯图

【实例步骤】

（1）打开需要进行生成参数楼梯的图，单击【参数楼梯】按钮，此时出现【参数楼梯】对话框，如图 13-34 所示。

考虑到更好地运用对话框,对其中用到的控件说明如下:

〔梯段类型选择〕选择梯段类型分成:板式楼梯、梁式现浇、梁式预制三种形式。

〔梯段走向选择〕分成左低右高和左高右低二种形式。

〔剖切可见选择〕分成剖切梯段和可见梯段二种形式。

具体数据参照对话框所示,如图 13-36 所示。

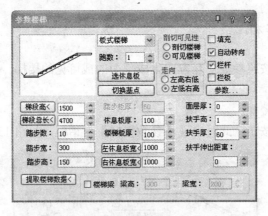

图 13-36　【参数楼梯】对话框

单击【确定】按钮,命令行显示如下:

请给出剖面楼梯的插入点 <退出>:选取插入点

此时即可在指定位置生成剖面梯段如图 13-35 所示。

（2）保存图形

命令:SAVEAS✓　（将绘制完成的图形以"参数楼梯图.dwg"为文件名保存在指定的路径中）

13.3.2　参数栏杆

参数栏杆命令可以按参数交互方式生成楼梯栏杆,命令执行方式为:

命令行:CSLG

菜单:剖面→参数栏杆

单击菜单命令后,此时出现【剖面楼梯栏杆参数】对话框,如图 13-37 所示。

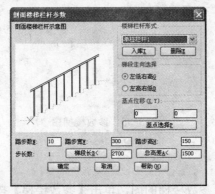

图 13-37　【剖面楼梯栏杆参数】对话框

在相应的楼梯栏杆中输入参数，然后单击【确定】，命令行显示如下：

请给出剖面楼梯栏杆的插入点 <退出>:选择插入点

此时即可在指定位置生成剖面楼梯栏杆。

实例 13-11 参数栏杆

生成的参数栏杆如图 13-38 所示。

图 13-38 参数栏杆图

【实例步骤】

（1）打开需要进行生成楼梯栏杆的图，单击【参数栏杆】按钮，此时出现【剖面楼梯栏杆参数】对话框，如图 13-37 所示。

考虑到更好地运用对话框，对其中用到的控件说明如下：

〔楼梯栏杆形式〕点右侧下拉菜单，选择栏杆形式。

〔梯段走向选择〕分成左低右高和左高右低二种形式。

具体数据参照对话框所示，如图 13-39 所示。

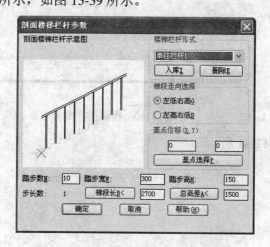

图 13-39 【剖面楼梯栏杆参数】对话框

单击【确定】按钮，命令行显示如下：

请给出剖面楼梯的插入点 <退出>:选取插入点

此时即可在指定位置生成剖面楼梯栏杆如图 13-38 所示。

（2）保存图形

命令: SAVEAS↙　 （将绘制完成的图形以"参数栏杆图.dwg"为文件名保存在指定的路径中）

13.3.3　楼梯栏杆

楼梯栏杆命令可以自动识别剖面楼梯与可见楼梯，绘制楼梯栏杆和扶手，命令执行方式为：

命令行：LTLG
菜单：剖面→楼梯栏杆
单击菜单命令后，命令行显示如下：

请输入楼梯扶手的高度 <1000>:输入扶手的高度
是否要打断遮挡线(Yes/No)? <Yes>:默认为打断
再输入楼梯扶手的起始点 <退出>:输入楼梯扶手的起始点
结束点 <退出>:输入楼梯扶手的结束点
再输入楼梯扶手的起始点 <退出>:回车退出
指定位置生成楼梯栏杆。

实例 13-12　楼梯栏杆

生成的楼梯栏杆如图 13-40 所示。

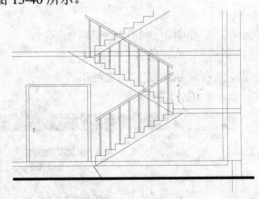

图 13-40　楼梯栏杆图

原有的楼梯如图 13-41 所示。

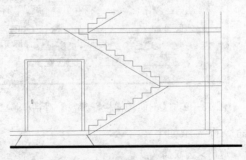

图 13-41　原有的楼梯图

【实例步骤】

（1）打开需要进行生成楼梯栏杆的图 13-41，单击【楼梯栏杆】按钮，命令行显示如下：

请输入楼梯扶手的高度 <1000>:1000

是否要打断遮挡线(Yes/No)? <Yes>:默认为打断

再输入楼梯扶手的起始点 <退出>:选择下层楼梯的起点

结束点 <退出>:选择下层楼梯的终点

再输入楼梯扶手的起始点 <退出>:选择上层楼梯的起点

结束点 <退出>:选择上层楼梯的终点

再输入楼梯扶手的起始点 <退出>:回车退出

此时即可在指定位置生成剖面楼梯栏杆如图 13-40 所示。

（2）保存图形

命令：SAVEAS↙　（将绘制完成的图形以"楼梯栏杆图.dwg"为文件名保存在指定的路径中）

13.3.4　楼梯栏板

楼梯栏板命令可以自动识别剖面楼梯与可见楼梯，绘制实心楼梯栏板，命令执行方式为：

命令行：LTLB

菜单：剖面→楼梯栏板

单击菜单命令后，命令行显示如下：

请输入楼梯扶手的高度 <1000>:输入楼梯扶手高度

是否要将遮挡线变虚(Y/N)? <Yes>:默认为打断

再输入楼梯扶手的起始点 <退出>:输入楼梯扶手的起始点

结束点 <退出>:输入楼梯扶手的结束点

再输入楼梯扶手的起始点 <退出>:回车退出

指定位置生成楼梯栏板。

实例 13-13　楼梯栏板

生成的楼梯栏板如图 13-42 所示。

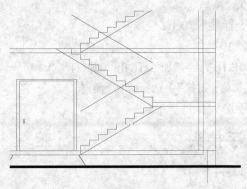

图 13-42　楼梯栏板图

原有的楼梯如图 13-43 所示。

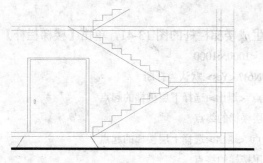

图 13-43　原有的楼梯图

【实例步骤】

（1）打开需要进行生成楼梯栏板图 13-43，单击【楼梯栏板】按钮，命令行显示如下：

请输入楼梯扶手的高度 <1000>:1000

是否要打断遮挡线(Yes/No)? <Yes>:默认为打断

再输入楼梯扶手的起始点 <退出>:选择下层楼梯的起点

结束点 <退出>:选择下层楼梯的终点

再输入楼梯扶手的起始点 <退出>:选择上层楼梯的起点

结束点 <退出>:选择上层楼梯的终点

再输入楼梯扶手的起始点 <退出>:回车退出

此时即可在指定位置生成剖面楼梯栏板如图 13-42 所示。

（2）保存图形

命令：SAVEAS✓　　（将绘制完成的图形以"楼梯栏板图.dwg"为文件名保存在指定的路径中）

13.3.5　扶手接头

扶手接头命令对楼梯扶手的接头位置做细部处理，命令执行方式为：

命令行：FSJT

菜单：剖面→扶手接头

单击菜单命令后，命令行显示如下：

请请输入扶手伸出距离<0>:100

请选择是否增加栏杆[增加栏杆(Y)/不增加栏杆(N)]<增加栏杆(Y)>:

请指定两点来确定需要连接的一对扶手! 选择第一个角点:

指定位置生成楼梯扶手接头。

实例 13-14　扶手接头

生成的扶手接头如图 13-44 所示。

原有的楼梯如图 13-45 所示。

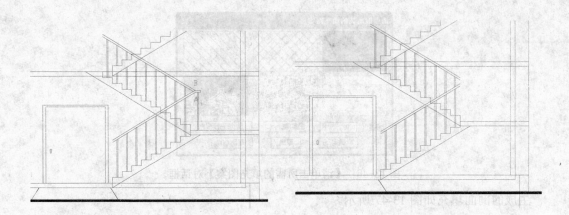

图 13-44　扶手接头图　　　　　　　　　图 13-45　原有的楼梯图

【实例步骤】

（1）打开需要进行生成楼梯扶手接头的图 13-45，单击【扶手接头】按钮，命令行显示如下：

请单击楼梯扶手的第一组接头线(近段) <退出>:选择 A 点扶手

再单击第二组接头线(远段) <退出>:选择 B 点扶手

扶手接头的伸出长度 <150>:150

此时即可在指定位置生成楼梯扶手接头如图 13-44 所示。

（2）保存图形

命令：SAVEAS↙　　（将绘制完成的图形以"扶手接头图.dwg"为文件名保存在指定的路径中）

13.4　剖面填充与加粗

通过命令直接对墙体进行填充和加粗。

13.4.1　剖面填充

剖面填充命令可以识别天正生成的剖面构件，进行图案填充。

命令行：PMTC

菜单：剖面→剖面填充

单击【剖面填充】按钮，命令行显示如下：

请选取要填充的剖面墙线梁板楼梯<全选>：选择要填充材料图例的成对墙线

回车后显示对话框如下，从中选择填充图案与比例，单击"确定"后执行填充。

此时出现【请单击所需的填充图案】对话框，如图 13-46 所示。

选中填充图案，然后单击【确定】，此时即可在指定位置生成剖面填充图。

实例 13-15　剖面填充

图 13-46　【请单击所需的填充图案】对话框

生成的剖面填充如图 13-47 所示。

【实例步骤】

（1）打开需要进行生成剖面填充的图，单击【剖面填充】按钮，命令行显示如下：

请选取要填充的剖面墙线梁板楼梯<全选>:选择要填充的墙线 A

选择对象: 选择要填充的墙线 B

选择对象: 选择要填充的墙线 C

选择对象: 选择要填充的墙线 D

选择对象: 回车退出

此时出现【请单击所需的填充图案】对话框，如图 13-48 所示。

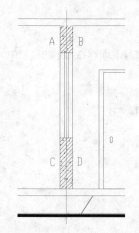

图 13-47　剖面填充图　　　　图 13-48　【请单击所需的填充图案】对话框

选中填充图案变亮处为钢筋混凝土，然后单击【确定】，此时即可在指定位置生成剖面填充如图 13-47 所示。

（2）保存图形

命令：SAVEAS✓　（将绘制完成的图形以"剖面填充图.dwg"为文件名保存在指定的路径中）

13.4.2　居中加粗

居中加粗命令可以将剖面图中的剖切线向两侧加粗，命令执行方式为：

268

命令行：JZJC

菜单：剖面→居中加粗

单击菜单命令后，命令行显示如下：

请选取要变粗的剖面墙线梁板楼梯线(向两侧加粗) <全选>:选择墙线

完成命令后，此时即可将指定墙线向两侧变粗。

实例 13-16　居中加粗

生成的居中加粗如图 13-49 所示。

　原有的未加粗如图 13-50 所示。

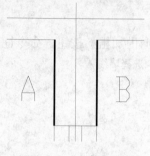
图 13-49　居中加粗图

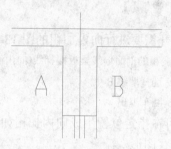
图 13-50　原有未加粗图

【实例步骤】

（1）打开需要进行居中加粗的图 13-50，单击【居中加粗】按钮，命令行显示如下：

请选取要变粗的剖面墙线梁板楼梯线(向两侧加粗) <全选>:选择墙线 A

选择对象: 选择墙线 B

选择对象: 回车退出

此时即可在指定位置生成居中加粗如图 13-49 所示。

（2）保存图形

命令: SAVEAS✓　　（将绘制完成的图形以"居中加粗图.dwg"为文件名保存在指定的路径中）

13.4.3　向内加粗

向内加粗命令可以将剖面图中的剖切线向内侧加粗，命令执行方式为：

命令行：XNJC

菜单：剖面→向内加粗

单击菜单命令后，命令行显示如下：

请选取要变粗的剖面墙线梁板楼梯线(向内侧加粗) <全选>:选择墙线

完成命令后，此时即可将指定墙线向内变粗。

实例 13-17　向内加粗

生成的向内加粗如图 13-51 所示。

　原有的未加粗如图 13-52 所示。

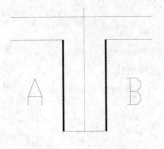

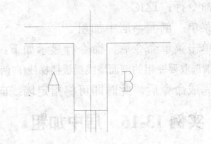

图 13-51　向内加粗图　　　　　　　　　图 13-52　原有未加粗图

【实例步骤】

（1）打开需要进行向内加粗的图 13-52，单击【向内加粗】按钮，命令行显示如下：

请选取要变粗的剖面墙线梁板楼梯线(向内侧加粗) <全选>:选择墙线 A

选择对象: 选择墙线 B

选择对象: 回车退出

此时即可在指定位置生成向内加粗如图 13-51 所示。

（2）保存图形

命令：SAVEAS✓　　　（将绘制完成的图形以"向内加粗图.dwg"为文件名保存在指定的路径中）

13.4.4　取消加粗

取消加粗命令可以将已经加粗的剖切线恢复原状，命令执行方式为：

命令行：QXJC

菜单：剖面→取消加粗

单击菜单命令后，命令行显示如下：

请选取要恢复细线的剖切线 <全选>:选择加粗的墙线

完成命令后，此时即可将指定墙线恢复原状。

实例 13-18 取消加粗

生成的取消加粗如图 13-53 所示。

原有的加粗如图 13-54 所示。

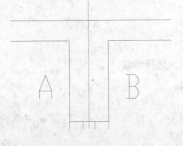

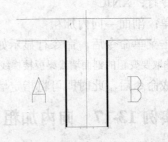

图 13-53　取消加粗图　　　　　　　　　图 13-54　原有加粗图

【实例步骤】

（1）打开需要进行取消加粗的图 13-51，单击【取消加粗】按钮，命令行显示如下：

请选取要恢复细线的剖切线 <全选>:选择墙线 A

选择对象: 选择墙线 B

选择对象: 回车退出

此时即可在指定位置取消加粗如图 13-53 所示。

（2）保存图形

命令：SAVEAS✓ 　　（将绘制完成的图形以"取消加粗图.dwg"为文件名保存在指定的路径中）

14

绘制立面图

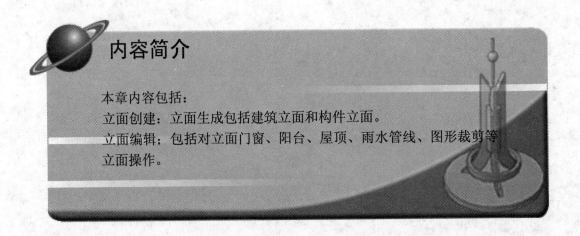

内容简介

本章内容包括：

立面创建：立面生成包括建筑立面和构件立面。

立面编辑；包括对立面门窗、阳台、屋顶、雨水管线、图形裁剪等立面操作。

14.1 别墅立面图绘制

本节从一个简单实例综合运用立面的命令，详细介绍别墅立面图的绘制方法。别墅立面图如图 14-1 所示.

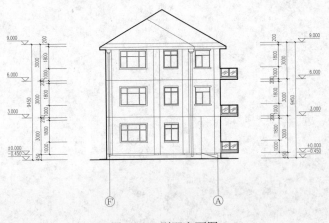

图 14-1 别墅立面图

14.1.1 建筑立面

所有平面图都已经绘制完毕，此时建立一个工程管理项目（具体见第11章），然后用【建筑立面】命令直接生成建筑立面，生成的建筑立面如图14-2所示。

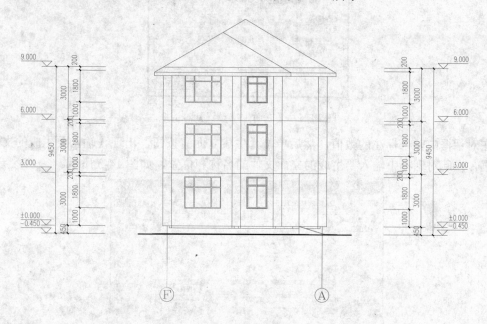

图14-2 立面图

打开需要进行生成建筑立面的各层平面图如图14-3所示，

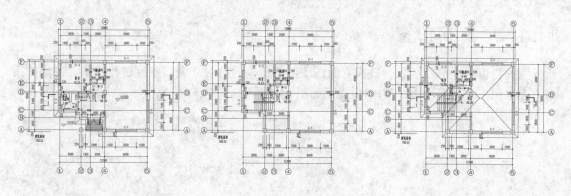

图14-3 平面图

生成建筑立面的步骤如下：

（1）建立工程项目（具体方式见第11章），然后单击【建筑立面】按钮，命令行显示如下：

请输入立面方向或 [正立面(F)/背立面(B)/左立面(L)/右立面(R)]<退出>:选择左立面 L

请选择要出现在立面图上的轴线:选择轴线 A

请选择要出现在立面图上的轴线:选择轴线 F

请选择要出现在立面图上的轴线:回车

此时出现【立面生成设置】对话框，如图14-4所示。

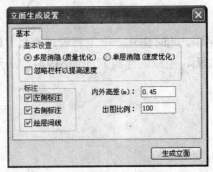

图14-4　【立面生成设置】对话框

在对话框中输入标注的数值，然后单击【生成立面】按钮，出现【输入要生成的文件】对话框，在此对话框中输入要生成的立面文件的名称和位置，如图14-5所示。

图14-5　【输入要生成的文件】对话框

（2）单击【保存】按钮，即可在指定位置生成立面图如图14-2所示。

14.1.2　立面门窗

立面门窗命令可以插入、替换立面图上的门窗，同时对立面门窗库进行维护。生成的门窗立面如图14-6所示。原有的门窗立面如图14-7所示。

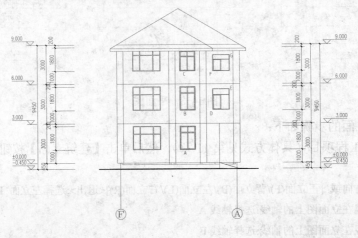

图14-6　立面门窗图

立面门窗操作步骤：

（1）替换窗，打开需要进行编辑立面门窗的立面图如图 14-7 所示，

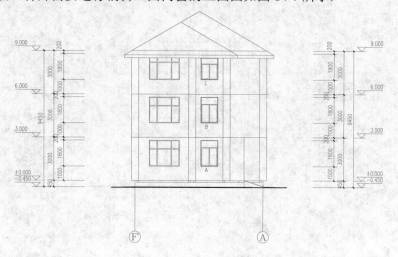

图 14-7　立面门窗图

单击【立面门窗】按钮，显示【天正图库管理系统】对话框，在对话框中选中替换成的窗样式如图 14-8 所示。

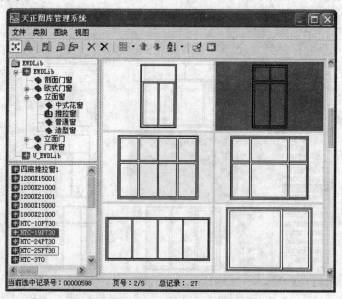

图 14-8　【天正图库管理系统】对话框

单击上方的【替换】图标，命令行显示如下：

选择图中将要被替换的图块！

选择对象：选择已有的窗图块 A

选择对象：选择已有的窗图块 B

选择对象：选择已有的窗图块 C

选择对象：回车退出

275

天正自动选择新选的窗替换原有的窗，结果如图 14-9 所示。

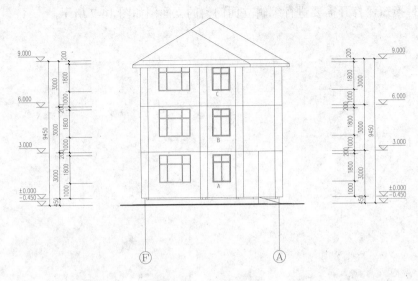

图 14-9　替换成的窗

（2）生成窗，单击【立面门窗】按钮，显示【天正图库管理系统】对话框，在对话框中选中生成的窗样式如图 14-10 所示。

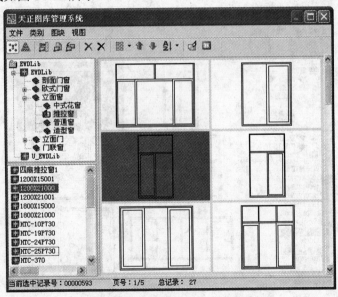

图 14-10　选择需要生成的窗

命令行显示如下：

单击插入点或 [转 90(A)/左右(S)/上下(D)/对齐(F)/外框(E)/转角(R)/基点(T)/更换(C)]<退出>:E

第一个角点或 [参考点(R)]<退出>:D

另一个角点:E

单击插入点或 [转 90(A)/左右(S)/上下(D)/对齐(F)/外框(E)/转角(R)/基点(T)/更换(C)]<退出>:E

第一个角点或 [参考点(R)]<退出>:F

另一个角点:G

单击插入点或 [转 90(A)/左右(S)/上下(D)/对齐(F)/外框(E)/转角(R)/基点(T)/更换(C)]<退出>:回车退出

天正自动按照选取图框的左下角和右上角所对应的范围,以左下角为插入点来生成窗图块,如图 14-6 所示。

14.1.3 门窗参数

门窗参数命令可以修改立面门窗尺寸和位置。立面的门窗参数如图 14-11 所示。

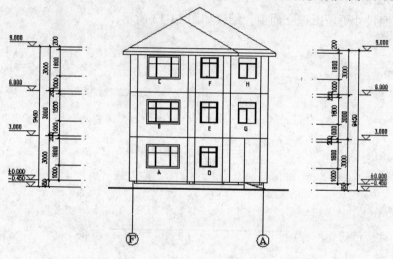

图 14-11 门窗参数图

立面门窗参数操作步骤:

(1)打开需要改变立面门窗参数的立面图,如图 14-12 所示,单击【门窗参数】按钮,命令行显示如下:

图 14-12 原有门窗参数图

选择立面门窗:选 A

选择立面门窗:选 B

选择立面门窗:选 C

选择立面门窗:回车退出

底标高从 1000 到 7000 不等;

底标高<不变>:

高度<1800>:1400

宽度<2100>:2100

天正自动按照尺寸更新所选立面窗,结果如图 14-13 所示。

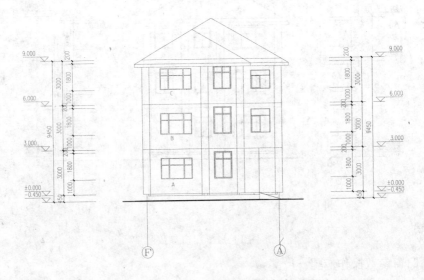

图 14-13　门窗参数图

（2）单击【门窗参数】按钮,命令行显示如下:

选择立面门窗:选 D

选择立面门窗:选 E

选择立面门窗:选 F

选择立面门窗:回车退出

底标高从 1000 到 7000 不等;高度从 1511 到 1800 不等;

底标高<不变>:回车确定

高度<不变>:1400

宽度<1200>:1200

天正自动按照尺寸更新所选立面窗。

（3）单击【门窗参数】按钮,命令行显示如下:

选择立面门窗:选 G

选择立面门窗:选 H

选择立面门窗:回车退出

底标高从 4000 到 7000 不等;

底标高<不变>:回车确定

高度<1600>:1400

宽度<1200>:1200

天正自动按照尺寸更新所选立面窗，结果如图 14-11 所示。

14.1.4　立面窗套

立面窗套命令可以生成全包的窗套或者窗上沿线和下沿线。生成的立面窗套如图 14-14 所示。

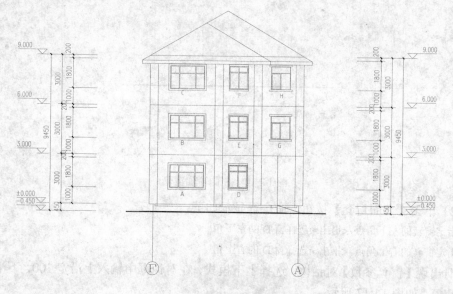

图 14-14　生成的立面窗套图

立面窗套操作步骤：

（1）打开需要添加立面窗套的立面图如图 14-11 所示，单击【立面窗套】按钮，命令行显示如下：

请指定窗套的左下角点 <退出>:选择窗 A 的左下角

请指定窗套的右上角点 <推出>:选择窗 A 的右上角

此时出现【窗套参数】对话框，选择全包模式，在对话框中输入窗套宽数值 100，如图 14-15 所示。

图 14-15　【窗套参数】对话框

单击【确定】，A 窗加上全套，同理 B 窗和 C 窗也加上全套。结果如图 14-16 所示。

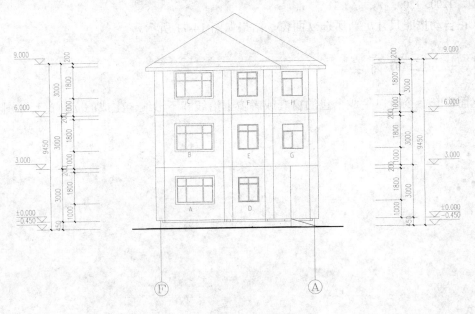

图 14-16　左侧窗加窗套

（2）单击【立面窗套】按钮，命令行显示如下：

请指定窗套的左下角点 <退出>:选择窗 D 的左下角

请指定窗套的右上角点 <推出>:选择窗 D 的右上角

此时出现【窗套参数】对话框，选择上下模式，在对话框中输入上沿宽 100，下沿宽 100，两侧伸出 0，如图 14-17 所示。

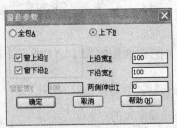

图 14-17　【窗套参数】对话框

然后单击【确定】，D 窗加上下套，同理 E 窗和 F 窗也加上下套，结果如图 14-18 所示。

（3）单击【立面窗套】按钮，命令行显示如下：

请指定窗套的左下角点 <退出>:选择窗 G 的左下角

请指定窗套的右上角点 <推出>:选择窗 G 的右上角

此时出现【窗套参数】对话框，选择上下模式，在对话框中输入上沿宽 100，下沿宽 100，两侧伸出 100，如图 14-19 所示。

单击【确定】，G 窗加上下套并延长，同理 H 窗也加上下套并延长，结果如图 14-20 所示。

最终结果如图 14-14 所示。

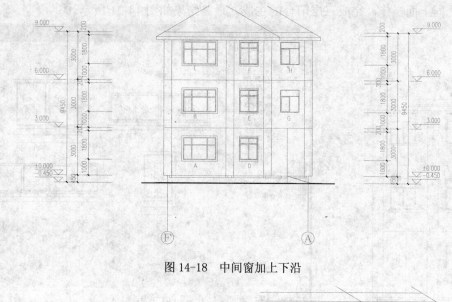

图 14-18　中间窗加上下沿

图 14-19　【窗套参数】对话框　　　　　　图 14-20　右侧窗加上下沿

14.1.5　立面阳台

立面阳台命令可以插入、替换立面阳台或对有立面阳台库的维护。生成的阳台立面如图 14-21 所示。

立面阳台操作步骤：

（1）打开需要进行编辑立面阳台的立面图如图 14-14 所示，单击【立面阳台】按钮，显示【天正图库管理系统】对话框，在对话框中单击选择所需生成的阳台图块如图 14-22 所示。

命令行显示如下：

单击插入点或 [转 90(A)/左右(S)/上下(D)/对齐(F)/外框(E)/转角(R)/基点(T)/更换(C)]<退出>:E

第一个角点或 [参考点(R)]<退出>:选取阳台的左下角 A

另一个角点: 选取阳台的右上角 B

天正自动按照选取图框的左下角和右上角所对应的范围，以左下角为插入点来生成阳台图块，如图 14-23 所示。

（2）同上面操作，完成三层阳台的生成。最终结果如图 14-21 所示。

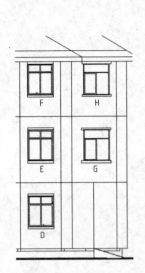

图 14-21 成的阳台立面图

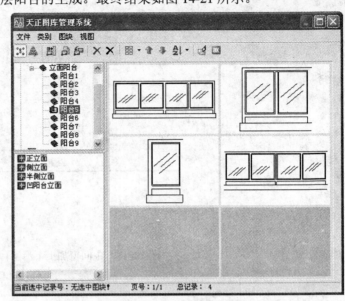

图 14-22 【天正图库管理系统】对话框

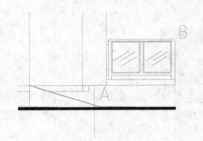

图 14-23 生成的阳台

14.1.6 雨水管线

雨水管线命令可以按给定的位置生成竖直向下的雨水管。生成的雨水管线的立面如图 14-24 所示。

雨水管线操作步骤：

（1）打开需要生成雨水管线的立面图如图 14-21 所示，先生成左侧的雨水管，单击【雨水管线】按钮，命令行显示如下：

请指定雨水管的起点[参考点(P)]<起点>:立面左上侧

请指定雨水管的终点[参考点(P)]<终点>:立面左下侧

请指定雨水管的管径 <100>:100

此时生成左侧的立面雨水管，如图 14-25 所示。

（2）单击【雨水管线】按钮，命令行显示如下：

请指定雨水管的起点[参考点(P)]<起点>:立面右上侧

请指定雨水管的终点[参考点(P)]<终点>:立面右下侧

请指定雨水管的管径 <100>:150

此时生成右侧的立面雨水管，如图 14-26 所示。最终生成的立面雨水管线如图 14-24 所示。

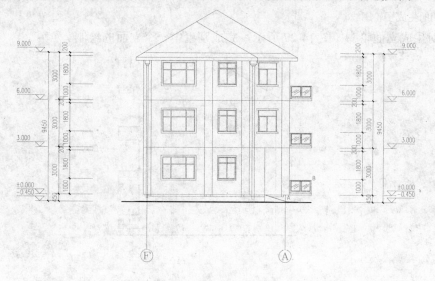

图 14-24 生成的雨水管线立面图

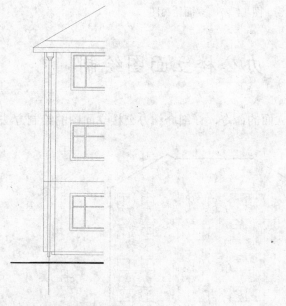

图 14-25 生成左侧的雨水管

图 14-26 生成右侧的雨水管

14.1.7 立面轮廓

立面轮廓命令可以对立面图搜索轮廓，生成轮廓粗线。生成的立面轮廓如图 14-27 所示。

立面轮廓操作方式：

打开需要生成立面轮廓的图形如图 14-24 左侧所示，单击【立面轮廓】按钮，命令行显示如下：

选择二维对象:指定对角点: 框选立面图形

选择二维对象:回车退出

请输入轮廓线宽度(按模型空间的尺寸)<0>: 50

成功的生成了轮廓线

此时生成立面轮廓如图 14-27 所示，完成别墅中一个立面的绘制。

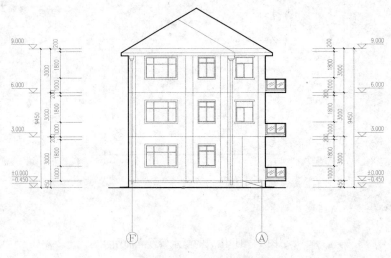

图 14-27 立面轮廓图

14.2 办公楼立面图绘制

本节从一个办公楼实例运用立面的命令，详细介绍办公楼立面图的绘制方法。办公楼立面图如图 14-28 所示。

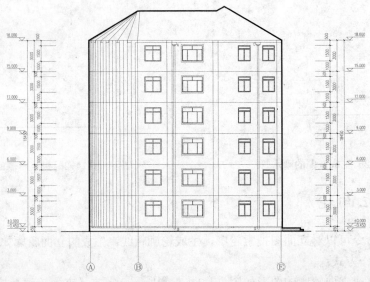

图 14-28 办公楼立面图

14.2.1 建筑立面

建立在所有平面图都已经绘制完毕，此时建立一个工程管理项目（具体见第 11 章），然后用【建筑立面】命令直接生成建筑立面，生成的建筑立面如图 14-29 所示。

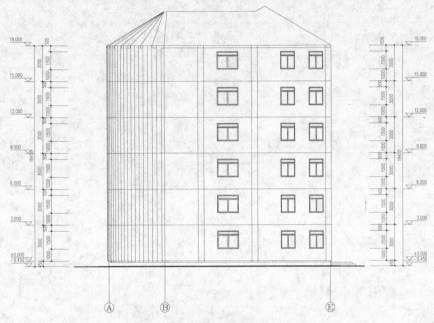

图 14-29　立面图

打开需要进行生成建筑立面的各层平面图如图 14-30 所示。

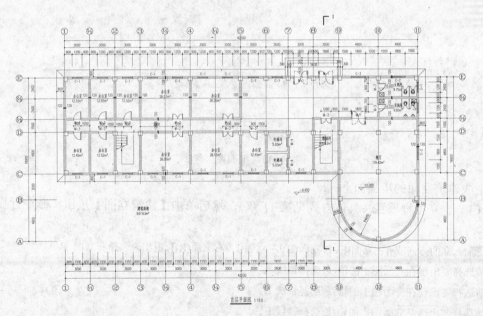

图 14-30　平面图

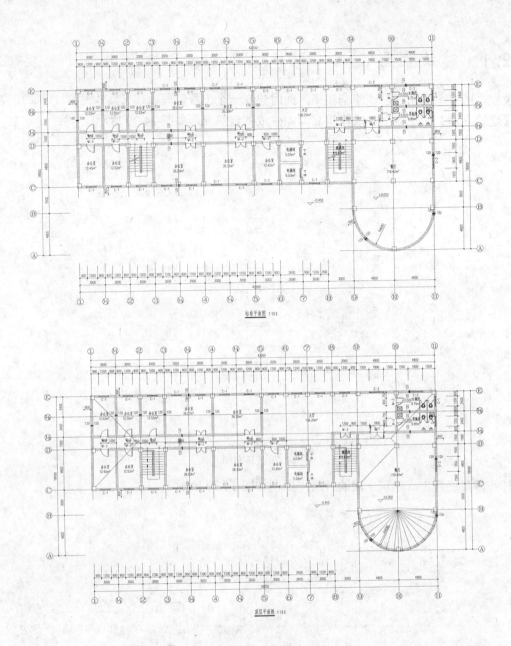

图 14-30　平面图（续）

生成建筑立面的步骤如下：

（1）建立工程项目（具体方式见第 11 章），然后单击【建筑立面】按钮，命令行显示如下：

请输入立面方向或 [正立面(F)/背立面(B)/左立面(L)/右立面(R)]<退出>:选择右立面 R

请选择要出现在立面图上的轴线:选择轴线 A

请选择要出现在立面图上的轴线:选择轴线 B

请选择要出现在立面图上的轴线:选择轴线 E

请选择要出现在立面图上的轴线:回车

此时出现【立面生成设置】对话框，如图 14-31 所示。

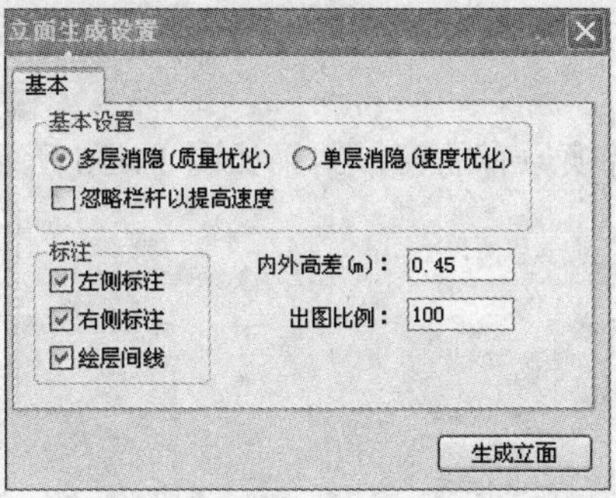

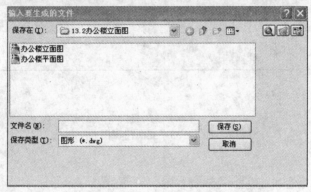

图 14-31　【立面生成设置】对话框

在对话框中输入标注的数值，然后单击【生成立面】按钮，出现【输入要生成的文件】对话框，在此对话框中输入要生成的立面文件的名称和位置，如图 14-32 所示。

图 14-32　【输入要生成的文件】对话框

（2）单击【保存】按钮，即可在指定位置生成立面图如图 14-29 所示。

14.2.2　立面门窗

立面门窗命令可以插入、替换立面图上的门窗，同时对立面门窗库进行维护。生成的门窗立面如图 14-33 所示。

立面门窗操作步骤：

（1）替换窗，打开需要进行编辑立面门窗的立面图如图 14-34 所示，

单击【立面门窗】按钮，显示【天正图库管理系统】对话框，在对话框中选中替换成的窗样式如图 14-35 所示。

单击上方的【替换】图标，命令行显示如下：

选择图中将要被替换的图块!

选择对象: 选择已有的窗图块 A

选择对象: 选择已有的窗图块 B

选择对象: 选择已有的窗图块 C

选择对象: 选择已有的窗图块 D

选择对象: 选择已有的窗图块 E

选择对象: 选择已有的窗图块 F

选择对象: 回车退出

天正自动选择新选的窗替换原有的窗，结果如图 14-36 所示。

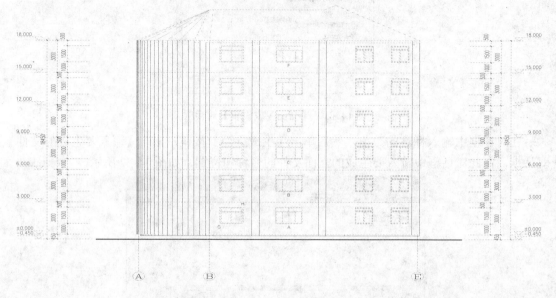

图 14-33　立面门窗图

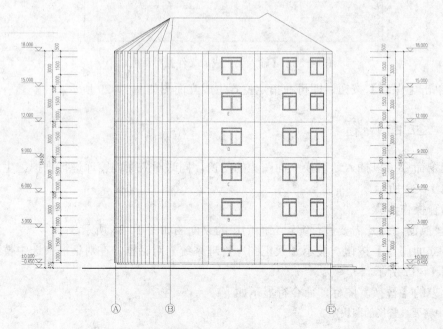

图 14-34　立面门窗图

（2）生成窗，单击【立面门窗】按钮，显示【天正图库管理系统】对话框，在对话框中选中生成的窗样式如图 14-37 所示。

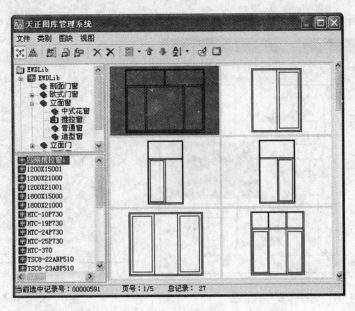

图 14-35　【天正图库管理系统】对话框

图 14-36　替换成的窗

命令行显示如下：

单击插入点或 [转 90(A)/左右(S)/上下(D)/对齐(F)/外框(E)/转角(R)/基点(T)/更换(C)]<退出>:E

第一个角点或 [参考点(R)]<退出>:G

另一个角点:H

单击插入点或 [转 90(A)/左右(S)/上下(D)/对齐(F)/外框(E)/转角(R)/基点(T)/更换(C)]<退出>:回车退出

天正自动按照选取图框的左下角和右上角所对应的范围，以左下角为插入点来生成窗图块，如图 14-38 所示。

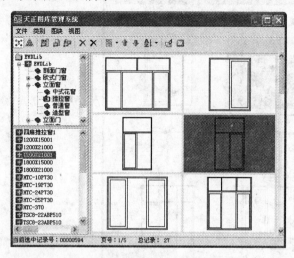

图 14-37　选择需要生成的窗

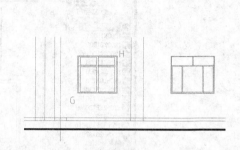

图 14-38　生成的窗

重复操作立面门窗命令，生成的立面如图 14-33 所示。

14.2.3　门窗参数

门窗参数命令可以修改立面门窗尺寸和位置。立面的门窗参数如图 14-39 所示。

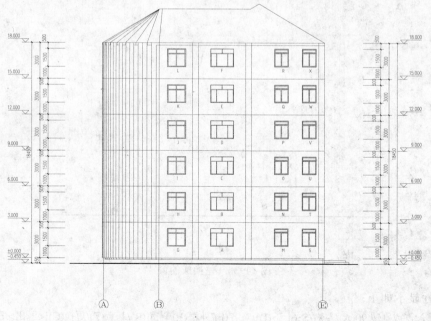

图 14-39　门窗参数图

立面门窗参数操作步骤：

（1）打开需要改变立面门窗参数的立面图如图 14-33 所示，单击【门窗参数】按钮，命令行显示如下：

选择立面门窗:选 A

选择立面门窗:选 B

选择立面门窗:选 C

选择立面门窗:选 D

选择立面门窗:选 E

选择立面门窗:选 F

选择立面门窗:回车退出

底标高从 1000 到 16000 不等;

底标高<不变>:回车确定

高度<1500>:1500

宽度<1800>:2000

天正自动按照尺寸更新所选立面窗,结果如图 14-40 所示。

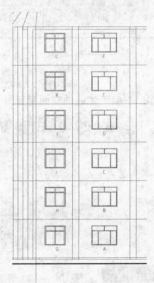

图 14-40　门窗参数图

（2）同理对其余门窗也可进行门窗参数操作,更改门窗的尺寸和标高。具体内容在此不再详述。天正自动按照尺寸更新所选立面窗,结果如图 14-39 所示。

14.2.4　立面窗套

立面窗套命令可以生成全包的窗套或者窗上沿线和下沿线。生成的立面窗套如图 14-41 所示。

立面窗套操作步骤:

（1）打开需要添加立面窗套的立面图如图 14-39 所示,单击【立面窗套】按钮,命令行显示如下:

请指定窗套的左下角点 <退出>:选择窗 A 的左下角

请指定窗套的右上角点 <推出>:选择窗 A 的右上角

此时出现【窗套参数】对话框，选择全包模式，在对话框中输入窗套宽数值 100，如图 14-42 所示。

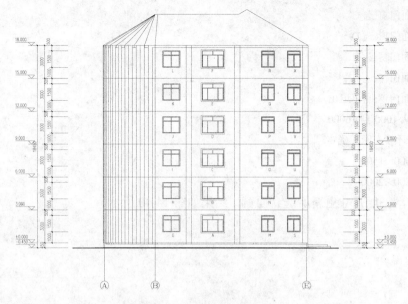

图 14-41　生成的立面窗套图

单击【确定】，A 窗加上全套，同理 B、C、D、E、F 窗加上全套。结果如图 14-43 所示。

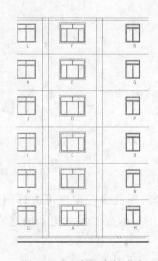

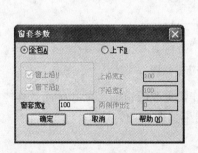

图 14-42　【窗套参数】对话框　　　　图 14-43　中间窗加窗套

（2）同理也可以对其他窗户进行加窗套程序，本例图为其他窗户不加，最终如图 14-41 所示。

14.2.5　雨水管线

雨水管线命令可以按给定的位置生成竖直向下的雨水管。生成的雨水管线的立面如图 14-44 所示。

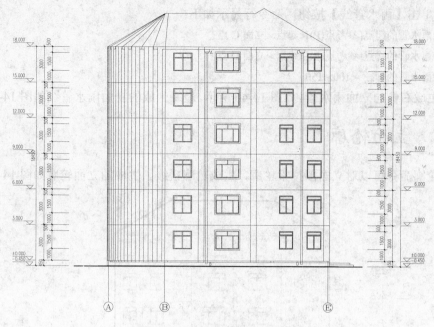

图 14-44 生成的雨水管线立面图

雨水管线操作步骤：

（1）打开需要生成雨水管线的立面图如图 14-41 所示，先生成左侧的雨水管，单击【雨水管线】按钮，命令行显示如下：

请指定雨水管的起点[参考点(P)]<起点>:立面 A 点

请指定雨水管的终点[参考点(P)]<终点>:立面 B 点

请指定雨水管的管径 <100>:150

此时生成左侧的立面雨水管，如图 14-45 所示。

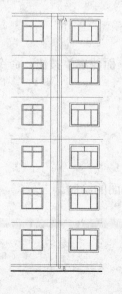

图 14-45 生成左侧的雨水管

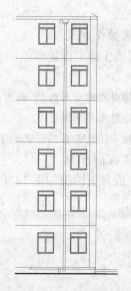

图 14-46 生成右侧的雨水管

（2）单击【雨水管线】按钮，命令行显示如下：

请指定雨水管的起点[参考点(P)]<起点>:立面 C 点

请指定雨水管的终点[参考点(P)]<终点>:立面 D 点

请指定雨水管的管径 <100>:150

此时生成右侧的立面雨水管，如图 14-46 所示。最终生成的立面雨水管线如图 14-44 所示。

14.2.6　立面轮廓

立面轮廓命令可以对立面图搜索轮廓，生成轮廓粗线。生成的立面轮廓如图 14-47 所示。

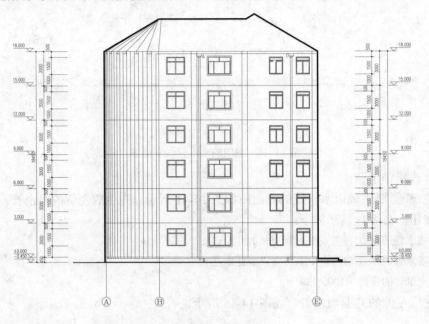

图 14-47　立面轮廓图

立面轮廓操作方式：

打开需要生成立面轮廓的图形如图 14-44 所示，单击【立面轮廓】按钮，命令行显示如下：

选择二维对象:指定对角点: 框选立面图形

选择二维对象:回车退出

请输入轮廓线宽度(按模型空间的尺寸)<0>: 100

成功的生成了轮廓线

此时生成立面轮廓如图 14-47 所示，完成办公楼中一个立面的绘制。

绘制剖面图

本章内容包括：

别墅剖面图绘制：介绍别墅的剖面图二维图形的绘制。

办公楼剖面图绘制：介绍办公楼的剖面图二维图形的绘制。

15.1 别墅剖面图绘制

本节从一个简单实例综合运用剖面绘制的命令，详细介绍别墅剖面图的绘制方法。别墅剖面图如图 15-1 所示。

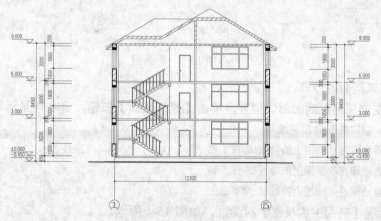

图 15-1 别墅剖面图

15.1.1　建筑剖面

建筑剖面命令可以生成建筑物剖面，此时应先建立一个工程管理项目（具体见第 11 章），在其中建立好剖切线，然后用【建筑剖面】命令直接生成建筑剖面，生成的建筑立面如图 15-2 所示。

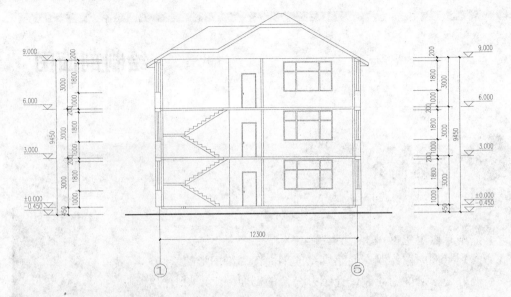

图 15-2　剖面图

打开需要进行生成建筑剖面的各层平面图如图 15-3 所示，

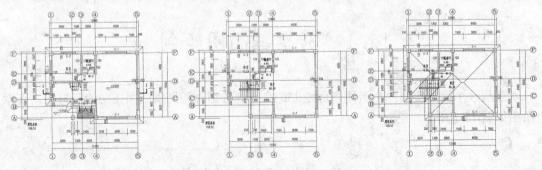

图 15-3　平面图

生成建筑剖面的步骤：

（1）在首层确定剖面剖切位置，单击【建筑剖面】按钮，命令行显示如下：

请选择一剖切线:选择剖切线

请选择要出现在剖面图上的轴线:选择 1 轴

请选择要出现在剖面图上的轴线:选择 5 轴

请选择要出现在剖面图上的轴线:回车退出

此时出现【剖面生成设置】对话框，如图 15-4 所示。

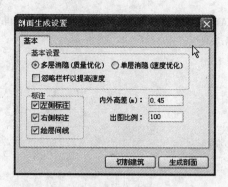

图 15-4 【剖面生成设置】对话框

在对话框中输入标注的数值，然后单击【生成剖面】按钮，出现【输入要生成的文件】对话框，在此对话框中输入要生成的剖面文件的名称和位置，如图 15-5 所示。

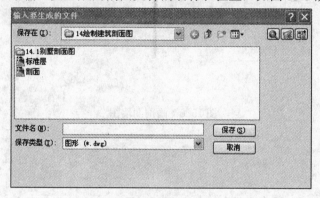

图 15-5 【输入要生成的文件】对话框

（2）单击【保存】按钮，即可在指定位置生成立面图，由天正生成的剖面图一般不可以直接应用，应进行适当的修整后，如图 15-1 所示。

15.1.2 画剖面墙

画剖面墙命令可以绘制剖面双线墙。绘制剖面墙后的剖面图如图 15-6 所示。

画剖面墙操作步骤

（1）打开需要进行添加剖面墙如图 15-6 所示，单击【画剖面墙】按钮，命令行显示如下：

请单击墙的起点(圆弧墙宜逆时针绘制)[取参照点(F)单段(D)]<退出>:选 A

墙厚当前值: 左墙 120, 右墙 240。

请单击直墙的下一点[弧墙(A)/墙厚(W)/取参照点(F)/回退(U)] <结束>: W

请输入左墙厚 <120>: 50

请输入右墙厚 <240>: 50

墙厚当前值: 左墙 50, 右墙 50。

请单击直墙的下一点[弧墙(A)/墙厚(W)/取参照点(F)/回退(U)] <结束>:选 B

墙厚当前值: 左墙 50, 右墙 50。

请单击直墙的下一点[弧墙(A)/墙厚(W)/取参照点(F)/回退(U)] <结束>:回车退出

绘制的剖面墙体如图15-7所示。

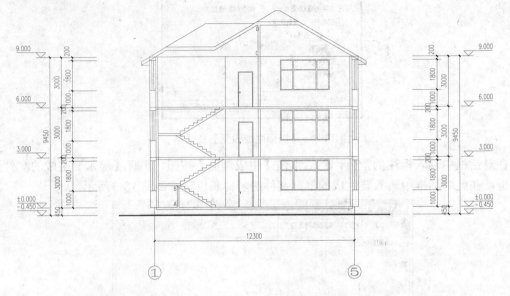

图 15-6　画剖面墙图

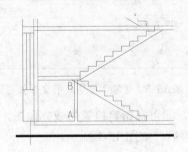

图 15-7　画剖面墙图

（2）单击【画剖面墙】按钮，命令行显示如下：

请单击墙的起点(圆弧墙宜逆时针绘制)[取参照点(F)单段(D)]<退出>:选 C

墙厚当前值: 左墙 50, 右墙 50。

请单击直墙的下一点[弧墙(A)/墙厚(W)/取参照点(F)/回退(U)] <结束>: W

请输入左墙厚 <50>: 65

请输入右墙厚 <50>: 65

墙厚当前值: 左墙 65, 右墙 65。

请单击直墙的下一点[弧墙(A)/墙厚(W)/取参照点(F)/回退(U)] <结束>:选 D

墙厚当前值: 左墙 65, 右墙 65。

请单击直墙的下一点[弧墙(A)/墙厚(W)/取参照点(F)/回退(U)] <结束>:回车退出

绘制的剖面墙体如图15-8所示。

画剖面墙后别墅图形如图15-6所示。

图 15-8　画剖面墙图

15.1.3　双线楼板

双线楼板命令可以绘制剖面双线楼板。生成的双线楼板如图 15-9 所示。

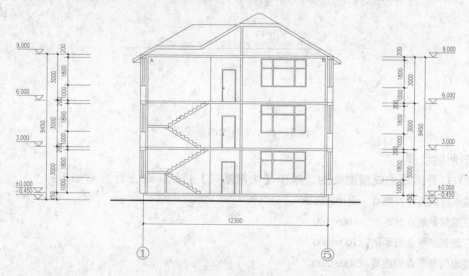

图 15-9　生成的双线楼板图

绘制双线楼板步骤：

打开需要生成双线楼板的立面图如图 15-9 所示，单击【双线楼板】按钮，命令行显示如下：

请输入楼板的起始点 <退出>:A

结束点 <退出>:B

楼板顶面标高 <9000>:回车

楼板的厚度(向上加厚输负值) <200>:120

生成的双线楼板如图 15-10 所示。

画双线楼板后别墅图形如图 15-9 所示。

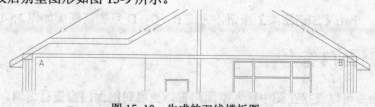

图 15-10　生成的双线楼板图

15.1.4 加剖断梁

加剖断梁命令可以绘制楼板，休息平台下的梁截面。生成的剖断梁如图 15-11 所示。

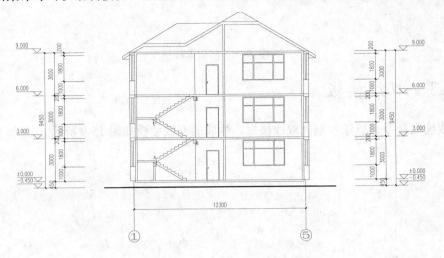

图 15-11　生成的剖面梁图

加剖断梁步骤：

（1）打开需要生成剖面梁图，单击【加剖断梁】按钮，命令行显示如下：

请输入剖面梁的参照点 <退出>:选 A

梁左侧到参照点的距离 <100>:100

梁右侧到参照点的距离 <100>:100

梁底边到参照点的距离 <300>:300

生成的预制楼板如图 15-12 所示。

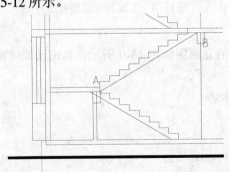

图 15-12　生成的剖面梁图

（2）同理，单击【加剖断梁】按钮，完成 B、C、D 点加剖断梁如图 15-11 所示。

15.1.5 剖面门窗

剖面门窗命令可以直接在图中插入剖面门窗，也可对剖面门窗进行编辑。本例对生成的剖面门窗更改高度如图 15-13 所示。

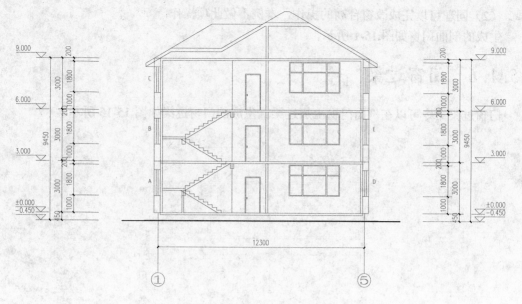

图 15-13　生成的剖面门窗图

剖面门窗绘制步骤：

（1）需要更改窗高的剖面图如图 15-13 所示，单击【剖面门窗】按钮，显示对话框如图 15-14 所示。

图 15-14　剖面门窗形式

命令行显示如下：

请单击剖面墙线下端或 [选择剖面门窗样式(S)/替换剖面门窗(R)/改窗台高(E)/改窗高(H)]<退出>:选择改窗高 H

请选择剖面门窗<退出>:选 A

请选择剖面门窗<退出>:选 B

请选择剖面门窗<退出>:选 C

请选择剖面门窗<退出>:选 D

请选择剖面门窗<退出>:选 E

请选择剖面门窗<退出>:选 F

请选择剖面门窗<退出>:回车

请指定门窗高度<退出>:1500

请单击剖面墙线下端或 [选择剖面门窗样式(S)/替换剖面门窗(R)/改窗台高(E)/改窗高(H)]<退出>:回车退出

（2）同理可以完成改窗台高的操作，本例不做此项操作。

生成的剖面门窗如图 15-1 所示。

15.1.6　门窗过梁

门窗过梁命令可以在剖面门窗上加过梁。生成的门窗过梁如图 15-15 所示。

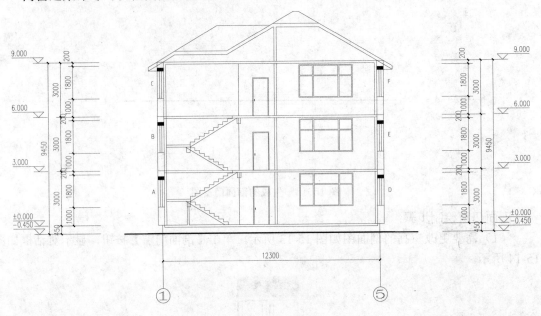

图 15-15　生成的门窗过梁图

剖面过梁操作：

打开需要生成门窗过梁的剖面图如图 15-1 所示，单击【门窗过梁】按钮，命令行显示如下：

　　选择需加过梁的剖面门窗：选 A

　　选择需加过梁的剖面门窗：选 B

　　选择需加过梁的剖面门窗：选 C

　　选择需加过梁的剖面门窗：选 D

　　选择需加过梁的剖面门窗：选 E

　　选择需加过梁的剖面门窗：选 F

　　选择需加过梁的剖面门窗：回车退出

　　输入梁高<120>:180

生成的剖面门窗过梁如图 15-15 所示。

15.1.7　楼梯栏杆

楼梯栏杆命令可以自动识别剖面楼梯与可见楼梯，绘制楼梯栏杆和扶手，本例别墅生成的楼梯栏杆如图 15-16 所示。

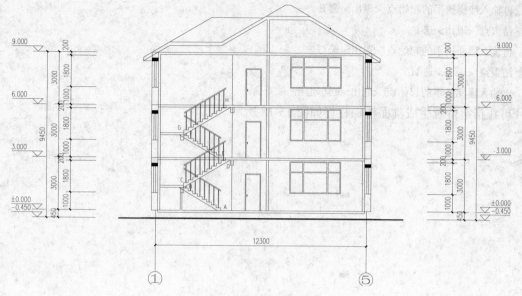

图 15-16　楼梯栏杆图

生成楼梯栏杆的步骤：

（1）打开需要进行生成楼梯栏杆的图 15-16，单击【楼梯栏杆】按钮，命令行显示如下：

请输入楼梯扶手的高度 <1000>:1000

是否要打断遮挡线(Yes/No)? <Yes>:默认为打断

再输入楼梯扶手的起始点 <退出>:选 A

结束点 <退出>:选 B

再输入楼梯扶手的起始点 <退出>:回车退出

此时即完成一层的第一梯段的栏杆布置，如图 15-17 所示。

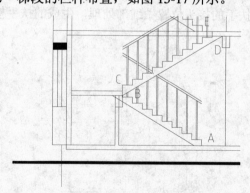

图 15-17　首层楼梯栏杆图

（2）单击【楼梯栏杆】按钮，命令行显示如下：

请输入楼梯扶手的高度 <1000>:1000

是否要打断遮挡线(Yes/No)? <Yes>:默认为打断

再输入楼梯扶手的起始点 <退出>:选 C

结束点 <退出>:选 D

再输入楼梯扶手的起始点 <退出>:选 E

结束点 <退出>:选 F

再输入楼梯扶手的起始点 <退出>:选 G

结束点 <退出>:选 H

再输入楼梯扶手的起始点 <退出>:回车退出

可在指定位置生成剖面楼梯栏杆如图 15-18 所示。

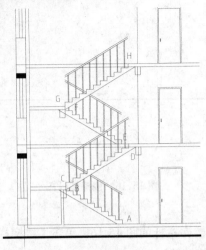

图 15-18 生成楼梯栏杆图

别墅剖面栏杆的整体如图 15-1 所示。

15.1.8 扶手接头

扶手接头命令对楼梯扶手的接头位置做细部处理，生成的扶手接头如图 15-19 所示。

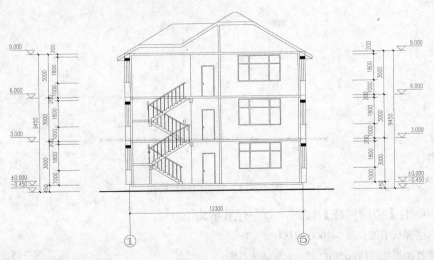

图 15-19 扶手接头图

扶手接头操作步骤

（1）打开需要进行生成楼梯扶手接头的图 15-19，单击【扶手接头】按钮，命令行显示如下：

请输入扶手伸出距离<150>:250

请选择是否增加栏杆[增加栏杆(Y)/不增加栏杆(N)]<增加栏杆(Y)>: Y

请指定两点来确定需要连接的一对扶手! 选择第一个角点<取消>:框选 A 点

另一个角点<取消>:框选 B 点

请指定两点来确定需要连接的一对扶手! 选择第一个角点<取消>:回车退出

此时即可在一层平台指定位置生成楼梯扶手接头如图 15-20 所示。

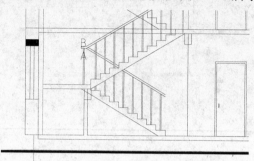

图 15-20　一层平台扶手接头图

（2）单击【扶手接头】按钮，命令行显示如下：

请输入扶手伸出距离<150>:250

请选择是否增加栏杆[增加栏杆(Y)/不增加栏杆(N)]<增加栏杆(Y)>: Y

请指定两点来确定需要连接的一对扶手! 选择第一个角点<取消>:框选 C 点

另一个角点<取消>:框选 D 点

请指定两点来确定需要连接的一对扶手! 选择第一个角点<取消>:回车退出

完成二层楼梯的扶手接头。

（3）单击【扶手接头】按钮，命令行显示如下：

请输入扶手伸出距离<150>:250

请选择是否增加栏杆[增加栏杆(Y)/不增加栏杆(N)]<增加栏杆(Y)>: Y

请指定两点来确定需要连接的一对扶手! 选择第一个角点<取消>:框选 E 点

另一个角点<取消>:框选 F 点

请指定两点来确定需要连接的一对扶手! 选择第一个角点<取消>:回车退出

完成二层平台的扶手接头。最终结果如图 15-19 所示。

15.1.9　剖面填充

剖面填充命令可以识别天正生成的剖面构件，进行图案填充。生成的剖面填充如图 15-21 所示。

剖面填充操作步骤：

打开需要进行生成剖面填充的图 15-21，单击【剖面填充】按钮，命令行显示如下：

请选取要填充的剖面墙线梁板楼梯<全选>:框选 1 轴墙

选择对象: 框选 5 轴墙

选择对象: 框选屋面

选择对象: 回车退出

此时出现【请单击所需的填充图案】对话框，如图 15-22 所示。

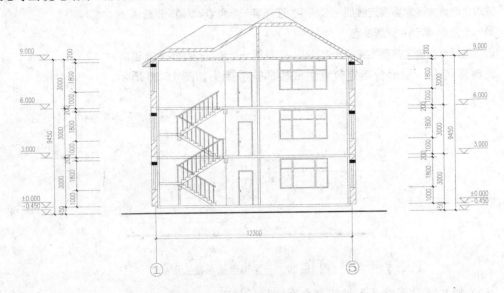

图 15-21　剖面填充图

图 15-22　【请单击所需的填充图案】对话框

选中填充图案变亮处为钢筋混凝土，然后单击【确定】，此时即可在指定位置生成剖面填充如图 15-21 所示。

15.1.10　向内加粗

向内加粗命令可以将剖面图中的剖切线向内侧加粗，生成的向内加粗如图 15-23 所示。

向内加粗步骤：

打开需要进行向内加粗的图 15-23，单击【向内加粗】按钮，命令行显示如下：

请选取要变粗的剖面墙线梁板楼梯线(向内侧加粗) <全选>:框选 1 轴墙线

选择对象: 框选 5 轴墙线

选择对象:回车退出完成操作

此时即可在指定位置生成向内加粗如图 15-23 所示。

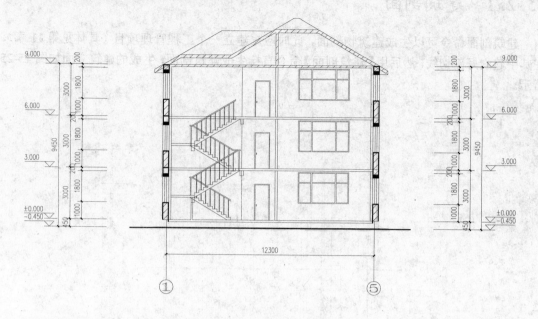

图 15-23　向内加粗图

15.2　办公楼剖面图绘制

本节从一个简单实例综合运用剖面绘制的命令，详细介绍别墅剖面图的绘制方法。办公楼剖面图如图 15-24 所示。

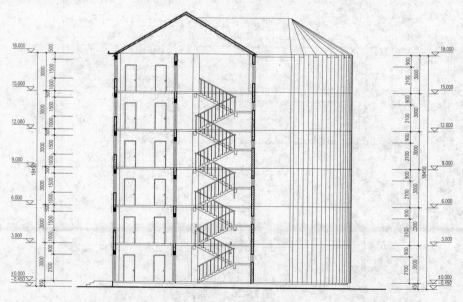

图 15-24　办公楼剖面图

15.2.1 建筑剖面

建筑剖面命令可以生成建筑物剖面，此时应先建立一个工程管理项目（具体见第 11 章），在其中建立好剖切线，然后用【建筑剖面】命令直接生成建筑剖面，生成的建筑立面如图 15-25 所示。

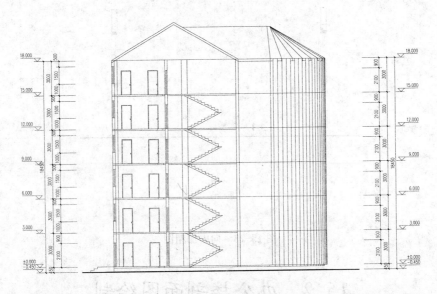

图 15-25　剖面图

打开需要进行生成建筑剖面的各层平面图如图 15-26 所示，

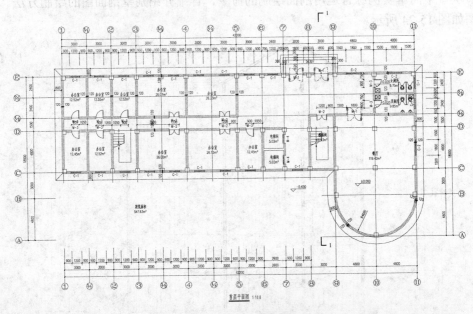

图 15-26　平面图

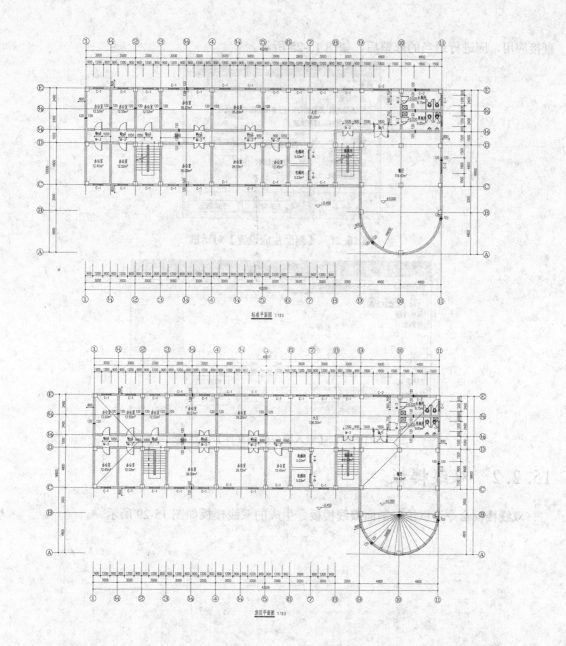

图 15-26 平面图（续）

生成建筑剖面的步骤：

（1）在首层确定剖面剖切位置，单击【建筑剖面】按钮，命令行显示如下：

请选择一剖切线:选择剖切线

请选择要出现在剖面图上的轴线:回车退出

此时出现【剖面生成设置】对话框，如图 15-27 所示。

在对话框中输入标注的数值，然后单击【生成剖面】按钮，出现【输入要生成的文件】对话框，在此对话框中输入要生成的剖面文件的名称和位置，如图 15-28 所示。

（2）单击【保存】按钮，即可在指定位置生成立面图，由天正生成的剖面图一般不可以直接应用，应进行适当的修整后，如图 15-25 所示。

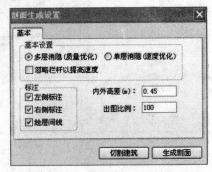

图 15-27　【剖面生成设置】对话框

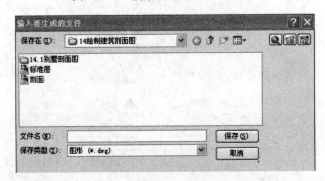

图 15-28　【输入要生成的文件】对话框

15.2.2　双线楼板

双线楼板命令可以绘制剖面双线楼板。生成的双线楼板如图 15-29 所示。

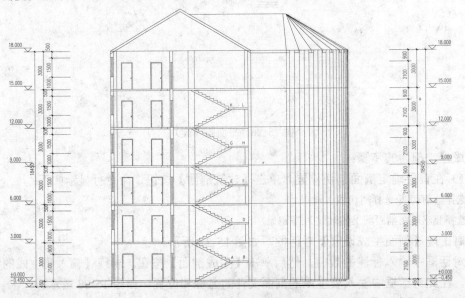

图 15-29　生成的双线楼板图

绘制双线楼板步骤：

（1）打开需要生成双线楼板的立面图如图15-29所示，单击【双线楼板】按钮，命令行显示如下：

请输入楼板的起始点 <退出>:A

结束点 <退出>:B

楼板顶面标高 <1493>:回车

楼板的厚度(向上加厚输负值) <200>:120

生成的双线楼板如图15-30所示。

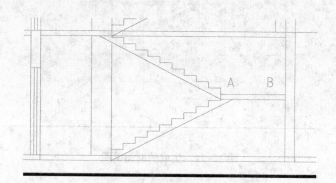

图15-30 生成的双线楼板图

（2）单击【双线楼板】按钮，命令行显示如下：

请输入楼板的起始点 <退出>:C

结束点 <退出>:D

楼板顶面标高 <4493>:回车

楼板的厚度(向上加厚输负值) <200>:120

此时完成增加二层楼梯平台操作。

（3）依次类推，完成其他几层楼梯平台的绘制。绘制结果如图15-29所示。

15.2.3 加剖断梁

加剖断梁命令可以绘制楼板，休息平台下的梁截面。生成的剖断梁如图15-31所示。

加剖断梁步骤：

（1）打开需要生成剖面梁图，单击【加剖断梁】按钮，命令行显示如下：

请输入剖面梁的参照点 <退出>:选A

梁左侧到参照点的距离 <100>:100

梁右侧到参照点的距离 <100>:100

梁底边到参照点的距离 <300>:300

生成的预制楼板如图15-32所示。

（2）同理，单击【加剖断梁】按钮，完成B、C、D、E、F、G、H、J、K点加剖断梁，结果如图15-31所示。

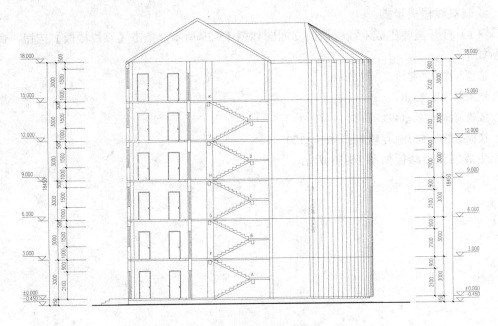

图 15-31 生成的剖面梁图

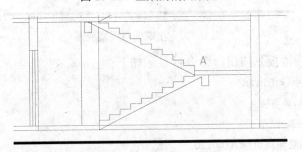

图 15-32 生成的剖面梁图

15.2.4 剖面门窗

剖面门窗命令可以直接在图中插入剖面门窗，也可对剖面门窗进行编辑。本例为生成的剖面门窗如图 15-33 所示。

剖面门窗绘制步骤：

需要生成剖面门窗的剖面图如图 15-33 所示，单击【剖面门窗】按钮，显示对话框如图 15-34 所示。

命令行显示如下：

请单击剖面墙线下端或 [选择剖面门窗样式(S)/替换剖面门窗(R)/改窗台高(E)/改窗高(H)]<退出>:选择墙线 A

门窗下口到墙下端距离<3000>:1600

门窗的高度<500>:600

门窗下口到墙下端距离<1600>:2400

门窗的高度<600>:600

312

门窗下口到墙下端距离<2400>:2400

门窗的高度<600>:600

门窗下口到墙下端距离<2400>:2400

门窗的高度<600>:600

门窗下口到墙下端距离<2400>:2400

门窗的高度<600>:600

门窗下口到墙下端距离<2400>:1500

门窗的高度<600>:1500

门窗下口到墙下端距离<1500>:退出

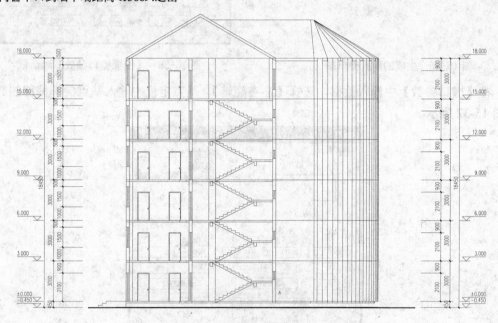

图 15-33　生成的剖面门窗图

图 15-34　剖面门窗形式

生成的剖面门窗如图 15-33 所示。

15.2.5　剖面檐口

剖面檐口命令可以直接在图中绘制剖面檐口。生成的剖面檐口如图 15-35 所示。

剖面檐口的操作：

（1）打开需要生成剖面檐口的立面图如图 15-35 所示，单击【剖面檐口】按钮，显示对

313

话框如图 15-36 所示，在【檐口类型】中选择"现浇挑檐"，

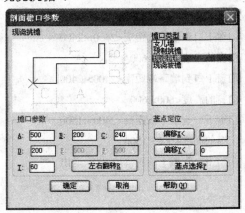

图 15-35　生成的剖面檐口图　　　　　　　　　图 15-36　【剖面檐口参数】对话框

　　在【檐口参数】中输入数据，选择【左右翻转】，基点定位中输入基点向下偏移的数值，如图 15-37 所示。

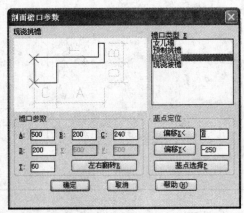

图 15-37　【剖面檐口参数】对话框中输入数据

　　（2）单击【确定】，在图中选择合适的插入点位置，命令行显示为：

请给出剖面檐口的插入点 <退出>:选择 A

　　此时完成插入现浇挑檐操作，如图 15-35 所示。

15.2.6　门窗过梁

　　门窗过梁命令可以在剖面门窗上加过梁。生成的门窗过梁如图 15-38 所示。

　　剖面过梁操作：

　　（1）打开需要生成门窗过梁的剖面图如图 15-38 所示，生成窗上过梁，单击【门窗过梁】按钮，命令行显示如下：

选择需加过梁的剖面门窗: 选 B

选择需加过梁的剖面门窗: 选 C

选择需加过梁的剖面门窗: 选 D

选择需加过梁的剖面门窗: 选 E

选择需加过梁的剖面门窗: 选 F

选择需加过梁的剖面门窗:回车退出

输入梁高<120>:300

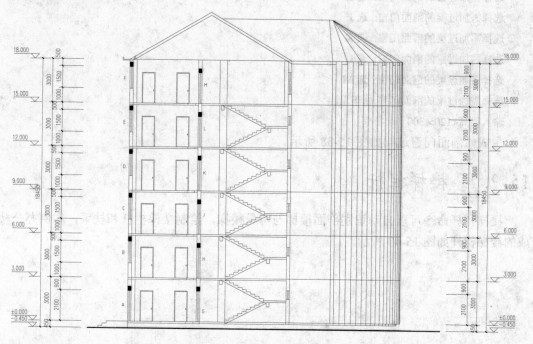

图 15-38　生成的门窗过梁图

生成的剖面窗过梁如图 15-39 所示。

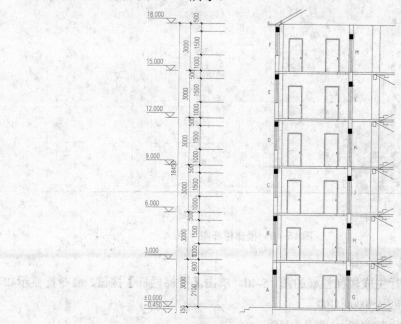

图 15-39　生成的门窗过梁图

（2）生成门上过梁，单击【门窗过梁】按钮，命令行显示如下：

选择需加过梁的剖面门窗: 选 A

选择需加过梁的剖面门窗: 选 G

选择需加过梁的剖面门窗: 选 H

选择需加过梁的剖面门窗: 选 J

选择需加过梁的剖面门窗: 选 K

选择需加过梁的剖面门窗: 选 L

选择需加过梁的剖面门窗: 选 M

选择需加过梁的剖面门窗:回车退出

输入梁高<120>:300

生成的剖面门窗过梁如图 15-38 所示。

15.2.7　楼梯栏杆

楼梯栏杆命令可以自动识别剖面楼梯与可见楼梯，绘制楼梯栏杆和扶手，本例办公楼生成的楼梯栏杆如图 15-40 所示。

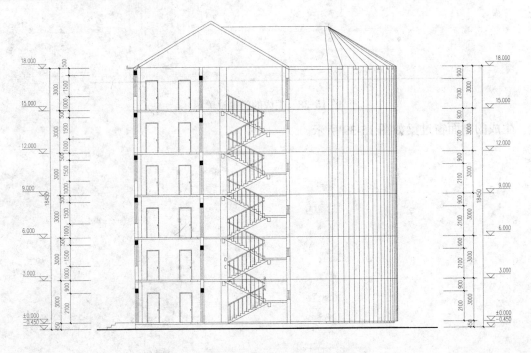

图 15-40　楼梯栏杆图

生成楼梯栏杆的步骤：

（1）打开需要进行生成楼梯栏杆的图 15-40，单击【楼梯栏杆】按钮，命令行显示如下：

请输入楼梯扶手的高度 <1000>:1100

是否要打断遮挡线(Yes/No)? <Yes>:默认为打断

再输入楼梯扶手的起始点 <退出>:选 A

结束点 <退出>:选 B

再输入楼梯扶手的起始点 <退出>:回车退出

此时即完成一层的第一梯段的栏杆布置，如图 15-41 所示。

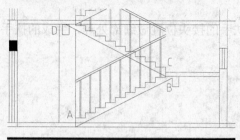

图 15-41　首层楼梯栏杆图

（2）单击【楼梯栏杆】按钮，命令行显示如下：

请输入楼梯扶手的高度 <1000>:1000

是否要打断遮挡线(Yes/No)? <Yes>:默认为打断

再输入楼梯扶手的起始点 <退出>:选 C

结束点 <退出>:选 D

再输入楼梯扶手的起始点 <退出>:选 E

结束点 <退出>:选 F

再输入楼梯扶手的起始点 <退出>:选 G

结束点 <退出>:选 H

依次类推，完成其他栏杆生成……

再输入楼梯扶手的起始点 <退出>:回车退出

可在指定位置生成剖面楼梯栏杆如图 15-42 所示。

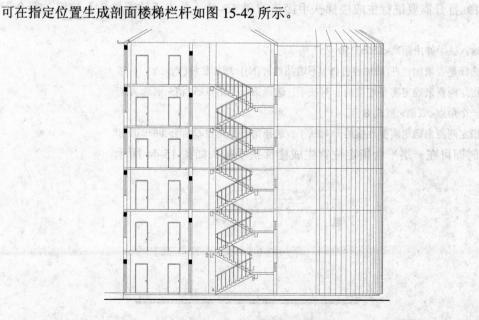

图 15-42　生成楼梯栏杆图

办公楼剖面楼梯栏杆的整体如图 15-40 所示。

15.2.8 扶手接头

扶手接头命令对楼梯扶手的接头位置做细部处理，生成的扶手接头如图 15-43 所示。

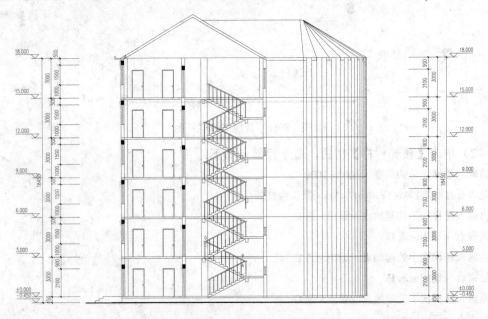

图 15-43　扶手接头图

扶手接头操作步骤

（1）打开需要进行生成楼梯扶手接头的图 15-43，单击【扶手接头】按钮，命令行显示如下：

请输入扶手伸出距离<150>:250

请选择是否增加栏杆[增加栏杆(Y)/不增加栏杆(N)]<增加栏杆(Y)>: Y

请指定两点来确定需要连接的一对扶手! 选择第一个角点<取消>:框选 A 点

另一个角点<取消>:框选 B 点

请指定两点来确定需要连接的一对扶手! 选择第一个角点<取消>:回车退出

此时即可在一层平台指定位置生成楼梯扶手接头如图 15-44 所示。

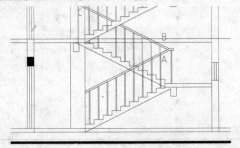

图 15-44　一层平台扶手接头图

（2）同理单击【扶手接头】按钮，完成其余楼梯栏杆扶手的接头。最终结果如图 15-43 所示。

15.2.9　剖面填充

剖面填充命令可以识别天正生成的剖面构件，进行图案填充。生成的剖面填充如图 15-45 所示。

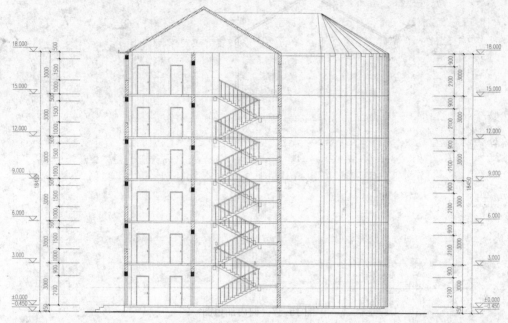

图 15-45　剖面填充图

剖面填充操作步骤：

打开需要进行生成剖面填充的图 15-45，单击【剖面填充】按钮，命令行显示如下：

请选取要填充的剖面墙线梁板楼梯<全选>:框选左侧剖面墙

选择对象: 框选中间剖面墙

选择对象: 框选右侧剖面墙

选择对象: 框选屋面剖面

选择对象: 回车退出

此时出现【请单击所需的填充图案】对话框，将其中【比例】改为 50，如图 15-46 所示。

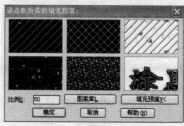

图 15-46　【请单击所需的填充图案】对话框

选中填充图案变亮处为钢筋混凝土，然后单击【确定】，此时即可在指定位置生成剖面填充如图 15-45 所示。

15.2.10 向内加粗

向内加粗命令可以将剖面图中的剖切线向内侧加粗，生成的向内加粗如图 15-47 所示。

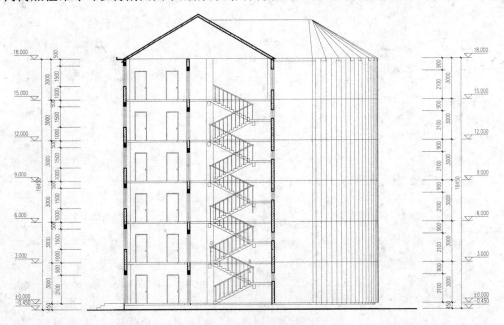

图 15-47 向内加粗图

向内加粗步骤：

打开需要进行向内加粗的图 15-47，单击【向内加粗】按钮，命令行显示如下：

请选取要变粗的剖面墙线梁板楼梯线(向内侧加粗) <全选>:框选左侧剖面墙

选择对象: 框选中间剖面墙

选择对象: 框选右侧剖面墙

选择对象: 框选屋面剖面

选择对象:回车退出完成操作

此时即可在指定位置生成向内加粗如图 15-47 所示。